U0874390

极简思维

颠覆传统思维模式的极简法则

Declutter Your Mind

[美] S. J. 斯科特 （S. J. Scott） [美] 巴里 · 达文波特 （Barrie Davenport） 著

高晓雪 译

台海出版社

图书在版编目（CIP）数据

极简思维 / (美) S.J. 斯科特，(美) 巴里·达文波特著；高晓雪译 . -- 北京：台海出版社，2018.8（2020.8重印）

书名原文：Declutter Your Mind : How to Stop Worrying, Relieve Anxiety, and Eliminate Negative Thinking

ISBN 978-7-5168-2003-2

Ⅰ . ①极… Ⅱ . ① S… ②巴… ③高… Ⅲ . ①思维形式 Ⅳ . ① B804

中国版本图书馆 CIP 数据核字 (2018) 第 156991 号

著作权合同登记号　图字：01-2018-3412

Translated and published by Beijing Standway Books Co., Ltd with permission from Oldtown Publishing. This translated work is based on Declutter Your Mind : How to Stop Worrying, Relieve Anxiety, And Eliminate Negative Thinking by S. J. Scott and Barrie Davenport. © 2016 Oldtown Publishing. All Rights Reserved. Oldtown Publishing is not affiliated with Beijing Standway Books Co., Ltd or responsible for the quality of this translated work. Translation arrangement managed RussoRights, LLC on behalf of Oldtown Publishing.
This edition arranged with Oldtown Publishing Through the Big Apple Agency, Inc.

极简思维

著　　者：[美] S. J. 斯科特　[美] 巴里·达文波特
译　　者：高晓雪

责任编辑：刘　峰
装帧设计：阿鬼设计

出版发行：台海出版社
地　址：北京市东城区景山东街 20 号　邮政编码：100009
电　话：010－64041652（发行，邮购）
传　真：010－84045799（总编室）
网　址：www.taimeng. org. cn/thcbs/default. htm
E－mail：thcbs@126.com

经　销：全国各地新华书店
印　刷：香河县宏润印刷有限公司
本书如有破损、缺页、装订错误，请与本社联系调换

开　本：880mm×1230mm　　1/32
字　数：104 千字　　印　张：7
版　次：2018 年 9 月第 1 版　　印　次：2020 年 8 月第 2 次印刷
书　号：ISBN 978-7-5168-2003-2

定　价：42.00 元

版权所有　翻印必究

目　录

第二部分　整理你的生活

第三部分　整理你的人际关系

第四部分　整理你生活的环境

引言

你的思维决定结果

“幸福生活所需要的东西并不多，能否幸福取决于你的内心，取决于你的思维方式。”

——马可·奥勒留（Marcus Aurelius）

你是否曾感到被烦恼所压垮？你是否每天都在与工作压力做斗争？你是否想要摆脱对生活的焦虑？

所有人都曾时不时地有过消极的想法。但如果你经常被这些消极想法所困扰，那么我想你应该仔细地观察一下自己到底在想些什么，而这些想法又是如何影响你的心理健康的。

你头脑中的内在独白其实是非常自然的心理状态，它一直都在那里，没日没夜地提醒你去处理杂事，因忘记了姐姐的生日而谴责你，让你因近来的负面新闻（比如政治丑闻，环境问题或最近糟糕的经济状况）而感到焦虑。

这些想法是你生活中的背景噪音，即使你不是总能意识到它们的存在。现在放松一下，将精力集中于你的想法，尝试着去停止它。这很困难，是吧？你可以看到想法是如何源源不断地涌出，一个接着一个，又多余又无用。

你的想法往往是不受控制且无关紧要的："我的胳膊痒""外面好像要下雨了""我把钥匙搁哪儿了"，这些琐事充斥在你的大脑中。

而另一方面，这其中的许多想法其实是消极而令人反感的："那家伙是个混蛋""我真的把那个项目搞砸了""我对妈妈说了不好的话，我感到非常内疚"，这些想法不受控制地出现在脑海中，让我们痛苦难受。

而不论你脑海中的想法是消极的、中性的还是积极的，它们都会搅乱你的思维。就像在房间放太多的杂物，房间就会乱成一团一样。

不幸的是，清理你的精神杂物并不像现实中扔东西那么简单。你不能"扔掉"一种想法，也不能期待它主动离开。事实上，就像一场永不结束的打地鼠游戏，你的消极想法总有办法在被拍下去的同时从另一边弹出来。

我们为什么会有消极想法?

现在，想象你的头脑是一个整洁的房子，它远离纷扰，远离污染，远离一切会使你动摇的东西。你会不会感到振作、舒适、有力量?

再想象你的头脑是一片万里无云的天空，而且你有能力去选择什么东西可以从天空中飘过。假如那无云的精神天空让我们感到无比惬意，我们又为何要去想那么多无用的事情，特意从烦恼中过滤掉那些积极而有用的想法呢?

你的大脑包含约 1000 亿的神经元，脊髓中有 10 亿神经元。神经元的联结部分，即负责进行信息传递的细胞突触，它的总数被估计为 100 万亿左右。我们强大的大脑不断地处理着各种各样的经验，并用思考的方式来分析它们。思想构成了我们所觉察到的真实世界。

我们可以控制自己的思想，但有时候，思想又仿佛总是拥有自己的意识，反而控制着我们以及我们的感受。思想对于问题解决、分析决策、制定计划而言至关重要，但在你试图积极地想问题时，它就会散漫得像个“野猴子”，总是想把你拽入反思与否定的荆棘丛之中。

你脑海中喋喋不休的内在对话，会使你脱离当下身边所发生的事情，它故意让你错过宝贵的经验，悄悄计划着破坏你此时此刻的快乐。

然而荒谬的是，我们总是以为，只要再多想想，我们就能弄明白为什么自己没有像想象中那样快乐与满足。我们试图去确认，是不是只要拥有更多财产、更好的伴侣、更加丰富的经验，我们的欲望就会得到满足，我们就可以安抚内心的不愉快。然而事与愿违，我们越想摆脱绝望，就会变得越绝望。当我们展望未来或回顾过去，试图寻找能够解决当下困扰的办法，过度思考总会使我们感到不安、空虚、激动。

实际上，几乎所有的消极思想都与过去或未来有关。你经常会发现自己陷入遗憾与担忧的循环中，因不能停止脑内重复播放的“负能量磁带”而绝望。

你不仅在与自己的思想做斗争，也在和无法摆脱思考这件事本身做斗争。消极情绪循环的时间越久，你感觉越糟。你仿佛变成了两个人，思考者与评论家，一个不断地思考，而另一个则意识到你在思考，并不断地评判这些想法有多么坏。

这些思考与评论不断地通过痛苦的情绪影响着我们，我们越害怕、越后悔，就越感到压力山大、焦虑异常、失望不已。有时候，负面情绪甚至会使我们麻痹，夺走我们内在的平静与满足。

尽管思考是我们众多痛苦的罪魁祸首，甚至让我们感到束手无策，但你无法停止思考，不是吗？你不能随意“关闭”你的大脑，也无法摆脱那些阻止你享受生活乐趣的精神杂念。

偶尔，我们也会经历些令人意想不到的平静时光。然而大多数时候，我们都在试图抑制内心的杂念，用过多的食物、酒精、毒品、工作、性或锻炼来进行自我疗伤。但这些都只是消除噪音与减轻痛苦的权宜之计。很快，杂念又回来了，周而复始。

难道我们注定永远是“散漫的野猴子”的牺牲品吗？难道我们必须不断地与思想斗争，并允许它们用烦恼、后悔、焦虑来拖垮我们？难道就没有一种方法让我们的内心得以清净、摆脱消极与痛苦？

你也许不可能一直让精神家园远离纷扰，但你可以通过影响你的思想，来改善生活质量，提升总体幸福感。思维看起来仿佛是自动的、不受控制的，但事实上，我们的许多思维模式都是随意且刻板的，改变它们就能改善你的生活。

虽然你和你的思想看起来不可分割，但你确实拥有一个“拥有意识的自我”，能帮助你主动地介入和管理你的思想。你对思想的控制其实远比你想象中的要多得多。当你学会控制你的思想，那扇被不能抑制的杂念所掩盖的，通往浩瀚创造力、灵感、才华之海的门，便会为你打开。

通过各种正念的练习来养成练习的习惯，你可以减少被思想控制的时间，拥有更多的内在“空间”，来享受心灵的平静与快乐。你将会清楚地划分出什么是你生命中最重要的东西，什么是你不再需要为之付出努力的事情，以及你究竟想用何种方式度过每一天。

关于本书

这本书的目的很简单：我们将会教给你许多可以用来消除精神杂念的方法，通过练习帮助你养成思维清洁的习惯。

我们不是只告诉你该去做什么，我们会向你证明，只要定期练习这些易于实践又充满科学的方法，你的生活就会发生真正而持久的变化。

本书划分为四个部分，你可以利用它们来针对性地改变生活中那些使你感到压力的方面。具体来说，我们将讨论下面这些话题：

1. 整理你的思绪。

2. 理清你的生活。

3. 处理你的人际关系。

4. 整理你周围的事物。

你会发现本书中有大量练习，可以对你的心态产生立竿见影的积极影响。因为有大量的材料，我们建议你先通读一遍，再详细比对你生活中最需要改变的一部分。换句话说，你需要找到对你生活有着直接影响的“快速胜利法”。

我们是谁？

巴里（Barrie）是网站“大胆生活并绽放”（Live Bold and Bloom）的创始人，她是一名经过认证的私人教练，同时也是一名在线课程的主创，她帮助人们应用实际策略来走出舒适区，创造更加快乐、富足、成功的生活。她同时还是一系列自我成长书籍的作者，这些书籍涉及积极的习惯的养成、生活激情的寻找、信心建立、正念及减法生活等多个领域。

身兼创业者、母亲、房东数职，巴里切身感受到，尽情地享受生活、去简化并管理内在及外在是有多么重要，简化又会对生活产生多么重大的影响。

史蒂夫（Steve 或称“S. J.”）运营着一个叫作“养成好习惯”（Develop Good Habits）的博客专栏，并且他还是一系列生活习惯养成方面的书籍的作者，这些书均可以在亚马逊上购买。他著书就是为了告诉人们持续保持良好的生活习惯将如何引导你获得更好的生活。

同时，我们二人也是《10 分钟整理：轻松简化你的家》（*10-Minute Declutter : The Stress Free Habit for Simplifying Your Home*）和《10 分钟数字整理：消除过量信息的简单习惯》（*10-Minute Digital Declutter : The Simple Habit to Eliminate Technology Overload*）的作者，这两本书介绍了正念的概念，可以帮助你养成一种简单的生活习惯。这些书不仅会教给你掌控物质财富的方法，还会向你展示消除精神“噪音”是如何对你的生活及精神产生积极影响的。

我们二人虽然有着不同的理由，但我们都遵循着这种生活原则，并决定把完成这本书放在第一位。

巴里的故事

在过去的几年里，巴里的生活方式有了意义深远的转变。她的生活重心有了极大的转移，在经历了生活的空虚和经常袭来的广泛性焦虑，她开始选择对自我进行探索。她努力地寻找，不考虑自己作为一个母亲的前提下，究竟做什么才能使她感到激情澎湃？如何做，才能让那些引起她焦虑并让她痛苦的“脑内声音”安静下来？

她的经历使她决定开始一段全新的职业生涯：她成了一名私人教练、一名博主、一名老师以及一名作家。通过工作和研究，她偶然经历了几个意义深远的顿悟时刻，使她学到了更多关于正念、简化、优先级方面的经验，从而让她能够将时间与精力花费在她最想完成的地方上。

最近她从亚特兰大拥挤而繁忙的郊区搬到了阿什维尔，在这里她可以以一种更加平缓的生活节奏，将更多精力放在健康、美食、人际关系、自然和音乐上。

她换了间小房子，扔掉了许多老家具和旧衣服，重新排列了人际关系、生活经验、工作、金钱、名誉对她的重要程度。在日常生活中，她尝试着用冥想、回归自然的方式，维持一种平衡的状态，努力地活在当下。

斯蒂夫的故事

多年来，斯蒂夫一直保持一种简单的生活方式，但从2015年下半年开始，他经历了人生中非常重要的四件大事：结婚、生子、买房、新工作。每一件事都给他带来了崭新的体验，同时也使他倍感压力。

一开始，斯蒂夫感到自己仿佛被这些变化压垮了，但他最终学会了简化脑内思想，只考虑当下正在进行的事情。现在他与妻儿相处时，就会百分百投入其中；当他工作时，也能随机应变地优先完成最重要的任务。

斯蒂夫和巴里用来消除压力的策略并不简单，但却非常有效，只要你愿意每天坚持练习，也能收获同样的效果。下面就让我们来看看这些能帮助你改变的策略吧。

你为什么需要读这本书

这本书适用于任何一个意识到自己正在因无法控制的思考而感到精力涣散、效率低下、心情低落、心绪不定的朋友。

假如你现在正在经历以下问题，本书将会很好地帮助你：

• 常常感到自己被焦虑、消极、无益的思想所困扰。

• 因过度思考和过分焦虑，产生了效率低下、注意力不集中、失去动力等问题。

• 对无法停止消极的强迫性思考而感到沮丧和困惑。

• 因精神压力而体验过高焦虑甚至抑郁。

• 发现自己开始通过追求金钱、资产、工作、成功、名誉来填补内心的空虚与痛苦。

• 感到无比忙碌、不知所措、压力重重，以至于无法找到真正的自我。

• 发现自己开始利用玩乐、酒精、毒品或其他事物来麻痹自己，强迫自己对那些令人痛苦的想法与感受保持麻木。

• 愿意通过改变生活中的优先级，来学习如何管理和理解你的思想，让思想不再支配你的生活。

• 因注意力涣散、过激行为、持续压力而被上司、伴侣或家庭成员抱怨。

• 简单地想要获得一种更专注、更平静、更平和的生活方式。

总而言之，如果你渴望拥有一种简单的、平静的精神生活，想要夺回那些分给杂念和焦虑的时间和精力，你就找对书了。通过本书，你不仅能学到整理和管理思想的诸多技巧，还能发现许多易于操作的方法，它们都可以帮助你摆脱困境。我们要讲的东西很多，在那之前，先让我们讨论一下为什么我们会被思想所困，思想又是如何影响我们的？

第一部分

整理你的思维

人为什么会产生消极思想

“不是每天增加对自己的要求，而是要每天减少，减去那些不必要的东西。”

——李小龙

在开始练习如何“干掉”消极思维之前，我们必须要知道为什么会产生这些思维。在本章节，我们将会讲述杂念产生的四种原因。

成因一：生活压力

压力过大是许多人感到生活不堪重负的首要原因。事实上，信息过载、生活杂事以及过量事物与信息带来的无尽的选择而产生的压力，都可能会引发一系列的心理健康问题，如广泛性焦虑、惊恐发作和抑郁。

伴随这些压力而来的是你对生活无止境的担忧，这甚至会反应在你的躯体上。据美国心理学会的研究表明，你可能会在倍感压力的同时出现头疼、胸闷、肠胃不适、肌肉酸痛、抵抗力下降、睡眠质量下降等一系列问题。

丹•哈里斯（Dan Harris），是ABC新闻（ABC News）主持人和《快乐，多10%就足够》（*10% Happier*）的作者，在一次新闻播报时，他突然惊恐发作，一股强烈且不受控制的恐惧感和窒息感向他袭来，他才意识到自己在精神方面出现了问题，知道了超负荷的精神压力是如何影响自己的。

他那高标准而富有竞争力的工作（甚至让他去往阿富汗、以色列、巴勒斯坦和伊拉克的前线）使他感到沮丧而焦虑。他试图用软性毒品缓解内心的痛苦，这成了触发恐惧症在直播中爆发的导火索。

在与医生会面后，他对自己的精神状况有了一定的认识。他在ABC新闻电视台的网站发帖说道：“当我坐在办公室里，脑海里无意识的巨大的恶意突然极速地冲向战区，我并没有考虑心理层面的后果，只想着用毒品当作刺激的替代品。这就像是梦游一样。”

丹的这次惊恐发作，虽然行为层面上让人感到不可思议，但这其实是人们释放焦虑的一种方法。当生活太过紧张和复杂，我们的心理就会寻找逃生通道。过度的投入、过量的负能量、过多的选择都会引发不那么健康的应对反应。

成因二：选择悖论

现代社会所推崇的选择自由，在心理健康方面的收益可能是递减的。心理学家巴里•施瓦茨（Barry Schwartz）创造了“选择悖论”（paradox of choice）一词，意思是说，选择越多就越容易焦虑、犹豫、无力、不满。客观来讲，更多的选择会让你获得更好的结果，但不会让你更开心。

让我们用去杂货店购物这件简单的小事做个比喻，根据食品市场研究协会的调查，2014 年平均每家超市所拥有的商品数为 42214 件。本来你可以用十分钟挑选并抓起要买的必需品结账走人，而现在你需要花费更多的时间来判断这个牌子的酸奶和那个牌子的麦麸饼干哪个才是更好的。

假设你要买一条基础款的牛仔裤，你将会面临一系列没完没了的选择：我是买条喇叭裤还是直筒裤？紧身的这条似乎也不错，可宽松的那条也很好？好像还是买这条复古水洗的比较好？那选系扣的还是拉链的？只是这样一个简单的购买行为就足以让你感到无法呼吸了。

史蒂夫·乔布斯（Steve Jobs，苹果公司创始人、前首席执行官）、马克·扎克伯格（Facebook 首席执行官），甚至是美国前总统奥巴马，都尽可能地减少了在服装上的选择，因为过多的选择会给人以压力。在迈克尔·刘易斯（Michael Lewis）写给《名利场》（*Vanity Fair*）的一篇采访中，总统解释了自己减少服装选择背后的逻辑："你会发现我只穿灰色和蓝色的西装，我在努力减少选择。我不想花费时间在决定吃什么和穿什么上，因为我有太多其他事情需要去做抉择了。"

成因三：杂物太多

房间里堆满了从来不穿的衣服，从来不看的书，从来不玩的玩具。电脑回收站是满的，桌面是乱的，手机里积灰的短信仿佛在对你说："你需要更多内存了。"

就像我们曾在《10 分钟数字整理》里提到的："我们已经成了手机的奴隶，我们更愿意快速地获取即时信息和线上娱乐，而放弃了与现实世界的互动，拒绝了本应该更美好的亲身体验。"

在信息技术时代的洪流中，物质与信息的获取变得比以往任何一个时代都容易。只需要动动手指按下按钮，我们就可以获得任何东西，不论是一本书还是一艘摩托艇，你都能通过网购让物流帮你运送到自家门口。

我们用不需要的东西堆满房间，用社交网络填充自己的空闲，发朋友圈、写博客或是发一些猫猫狗狗的视频。杂事和杂物包围着我们，让我们倍感无力，不知该如何应对。

这些无关紧要的东西不仅会消耗时间和精力，还会让你产生一系列负面消极的想法，比如：

"我脸书上的朋友看起来过得很开心，而我的生活糟透了。"

"为了别死得太早，我是不是该买个智能手环监控一下我的健康情况？"

"天哪，我忘了参加那个主题是《如何在 30 岁前赚一百万》的线上研讨会了，万一他们真的分享了什么干货呢？”

每件事似乎都很重要、紧急且必须去完成，每封邮件、每条短信看起来都必须去回复，每出一个新的电子产品都必须第一时间购买，正是这每一件事情，让我们一直处于一种紧绷的状态。不间断地忙于琐事，让我们没时间和精力跟朋友家人相处，让我们忽视了自己内心的情感。

我们总觉得没时间去做整理，我们实在太忙了，有那么多新事物和新信息亟待我们去处理。但其实所有这些忙碌都会导致精神和情感上的疲惫。当我们处理琐事时，我们总在分析、反思，总是担心自己会突然进入瓶颈期。

我们为什么会忽视那些曾使我们感到平静而理智的观念呢？我们还能做些什么来补救这一切吗？显然我们已经不能回到没有现代科技的时代了，我们不可能抛弃所有身外之物去住在山洞里。我们必须在失智之前想办法找到现代社会的生存之道。

整理杂物或缩减耗费在数码设备上的时间，能有效地帮助我们消除一部分消极情绪。但排除这些物质干扰后，仍会有许许多多的其他原因让你陷入担忧与后悔的漩涡。

我们常为健康、工作、孩子、经济状况、人际关系而感到担忧，“我看起来如何？”“别人是怎么看待我的？”这些想法时时刻刻困扰着我们。不仅如此，恐怖主义、政治问题、过去的伤痛以及不可预知的未来同样会用焦虑支配着我们。思考这些让我们感到痛苦，而破坏了我们本可以在当下感受到的快乐。

成因四：消极偏见

“就在此时此刻，我躺在床上，突然意识到我脑海中的那个声音，那个占据了我意识领域的持续不断的评论，就是一个混蛋。”

——丹•哈里斯（Dan Harris）

尽管人类的神经系统经过6亿年的不断进化变得十分发达，但它仍会像久远的过去一样做出反应。早期人类祖先经常会遇到生命危险，他们需要这种反应去帮助他们存活下来。

里克•汉森（Rick Hanson）博士是加州伯克利大学至善科学中心（Greater Good Science Center at UC Berkeley）的高级研究员，他在自己网站上的一篇文章中写道：“为了让我们的祖先能够得以存活，大自然母亲在大脑进化的过程中设置了三种经常能够欺骗我们的错误：过高地估计恐惧的威力；过低地估计机会的成功率；以及过低地估计自己在面对恐惧与机遇时的才能。”

这便是“消极偏见”，比起正性刺激，我们更倾向于对负性刺激表现出强烈的反应。在受到同等程度的正负性刺激时（例如声、光），负性刺激产生了更多的神经活动。而负性刺激也更容易迅速地被感知到。汉森表示：“对负性经验，大脑就像一个魔术贴，粘得非常牢固，而对正性经验，则像特氟龙这种不沾涂层一样，很难附着。”

那么消极偏见是如何影响你的思想的？消极偏见意味着你和焦虑、过度思考之间有着非常顽固的联结，这使得你在面对负性刺激时，所感受到的往往比实际更加消极。你会觉得威胁更有威胁性，而挑战则更具有挑战性。

所有这些侵蚀你思维的消极想法都让你感到非常真实，所以你会有一种把它当作现实的冲动。但你并不是生活在山洞里的原始人，不会每天都遭遇生命危险，你也许总是被迫地产生消极想法，但其实你并不需要去接受这种思维倾向。

萨姆·哈里斯（Sam Harris）说过：“有一种方法可

以简单地识别出进入意识的下一个想法。”这个方法就是正念。正念可以在最平常的活动中进行，并且可以通过本书提供的特定练习来培养。

正念通过对你的大脑进行再训练，使你能够摆脱那些思考未来的杂念，将注意力集中在当下。当你能够集中注意力，你将不再依附于自己的思想，你只会简单地处理当下正在发生的事情。

这听起来很简单，对吧?

概念听起来是很简单的,但改变你的思想并不那么容易。

就像养成任何其他习惯一样，想要有效地整理你的思绪，你不仅需要耐心地进行练习，还需要自觉地从小事做起，慢慢成长。幸运的是，我们将通过这本书向你展示如何完成这一系列过程。你不仅仅会学到控制思考的方法，还能养成每天做精神练习的好习惯。

在本章的剩余部分里，我们将向你讲述四种可以帮助你整理思绪的习惯，你将会发现，当你能够掌控你的思想，你不仅会变得专注而高效，而且在面对现代生活的疯狂要求时，也会感到更加镇定自若。

接下来就让我们讲讲第一个训练大脑的技巧——专注呼吸。

排除杂念练习一：专注的腹式呼吸

“感觉就像风中的云一样来来去去，有意识的呼吸就是我的锚。”

——释一行禅师（Thích Nhat Hanh）

即使你每天需要呼吸 20000 次，你也不会经常意识到你正在呼吸。你的大脑会自动帮你调整呼吸的节奏以适应身体的需要。当你爬楼梯或者跑步时，你不需要刻意去想：“我现在最好深呼吸，这样我的肌肉就可以获得更多氧气。”大脑已经帮你做好了调整。呼吸就是这样自然地发生着。

为了适应身体不断变化着的需要，大脑、血管、肌肉和肺中的感应器都在辛劳地为你处理着呼吸这项任务。然而，无论何时你想接手这份工作，你都有能力可以胜任。你能够减缓你的呼吸，改变你呼吸的位置（胸部或腹部），甚至让你的呼吸变浅或变深。

呼吸变化往往是压力的第一征兆。当你感受到焦虑、抑郁、紧张、心烦，你的呼吸可能会变得急而浅。现代生活与工作也会导致不正常的浅呼吸。

就像巴里在她的著作《正念带来平静：帮助你克服焦虑、获得平静的日常仪式》（*Peace of Mindfulness: Everyday Rituals to Conquer Anxiety and Claim Unlimited Inner Peace*）中所说的那样：

> 不幸的是，一天中的大部分时间里，我们都是静坐不动的。所以我们不需要像祖先那样，为了狩猎、采集、耕种和从事其他体力劳动而深呼吸。不论是坐在书桌前还是窝在沙发上，我们都养成了短浅的呼吸习惯。
>
> 当我们着急奔跑时，我们的呼吸就变得紧张而急促。当我们感到压力、焦虑或专注于某一问题时，我们的身体就会收缩，头会低下，双臂会抱紧，肌肉会紧绷。这些姿势都会使呼吸变得短促。当我们被压力与焦虑所缠绕，控制空气吸入的肌肉会变得紧张，从而限制空气的吸入和呼

出，我们干脆忘记了如何呼吸。

你可能不太在意呼吸和姿势，但是只要你多关注一下你的呼吸，你就能获得一种更加平和的身心状态。让我们开始注意自己的呼吸，简单地去感受一天中你是如何呼出与吸入空气的。

在你养成注意呼吸的习惯时，我们建议你可以记住下面四个原则：

1. **不要坐在办公桌前或窝在沙发里**。坐直会给你的肺部提供更多的空间，这样你的肺就可以获得更多的氧气。去察觉你身体紧张的部位，并有意识地将气息送入这些区域，然后感受在你呼吸时，这些部位是否放松。

2. **有意识地用鼻子而不是用嘴呼吸**。鼻子拥有一种防御机制，可以防止杂质和冷空气进入身体，鼻子也能探测到有毒气体，从而使我们远离危险。病毒和细菌会通过口部呼吸进入你的肺部，所以，放过你的嘴巴，用鼻子呼吸。

3. **吸气时，用腹式呼吸**。轻轻地把你的肚子向外推，感觉空气在慢慢填满你的肚子，呼气的时候，让气息慢慢吐出，肚子恢复到原来的状态。

4. **注意胸式呼吸和腹式呼吸的区别**。胸式呼吸止于肺部，而腹式呼吸会充满你的肺部下叶，并进行更多的氧气交换。腹式呼吸还能通过膈肌的运动来按摩腹部器官。

缓慢而有节奏地深呼吸是摆脱消极思维的一个极好方法。这种专注的呼吸能刺激副交感神经系统，从而降低心率、放松肌肉、镇定精神并使大脑功能正常化。

深呼吸可以帮助你感知你的身体，让你的意识远离烦恼，平息你脑内无休止的独白。深呼吸引起的这种生理变化被称为“放松反应”。

放松反应是由赫伯特·本森教授（Herbert Benson）提出的，他是哈佛大学身心医学研究所（Mind/Body Medical Institute）的创始者。同时还是一名博士、一名教授、一名作者和一名心脏病学家。他在自己的著作《放松反应》（*The Relaxation Response*）中，分享了在治疗压力相关的失调症状时，各种放松技巧（包括腹式呼吸）的好处。

本森说：“放松反应是一种深度休息的物理状态，它改变了身体和情绪应对压力时的反应……这种反应和战斗或逃跑时的反应正好相反。”

除了促进放松反应外，深呼吸还有许多有益健康的益处。以下是深呼吸对你的帮助：

• 鼻腔呼吸时，促进一氧化氮的产生。一氧化氮是一种强力的增强免疫分子。可以帮助你增强免疫力。

• 通过消除毒素和增加氧气来提高血液质量。

• 促进胃肠消化。

• 增加氧气的输送，促进神经系统正常运作，保持健康。

• 通过增加氧气的循环，改善腹部器官和心脏的功能。

• 使肺部变得越来越强壮，有助于预防呼吸疾病。

• 降低血压，预防心脏病。由于心脏变得更强且更有效率，心脏的损耗也会随之减少。

• 帮助你控制体重，额外的氧气能更有效地燃烧多余脂肪。

每天花几分钟练习腹式呼吸，你将养成一个可以受益终身的习惯。多年的研究和测试证明，这个习惯可以帮你梳理思维，减轻生活压力，促进身心的健康。

巴里每天都要练习几次腹式呼吸，她喜欢在休息时和睡觉前进行练习。你可以在任何时间任何地点练习有意识的呼吸，尤其是当你发现自己杂念太多，感到压力和焦虑的时候。即使每天只是有意识地做几分钟腹式呼吸，也能有效地提高你的幸福感和精神健康水平。

你可能会想养成在固定时间进行有意识呼吸的习惯，毕竟有意识呼吸是冥想练习的基础。我们将在下一章详细讨论这个话题。假如你能够养成每天练习 5~10 分钟有意识呼吸的习惯，那么冥想的练习对你来说就很容易上手了。

你可以遵循下面 7 个步骤，来养成每天进行有意识呼吸的好习惯：

1. 确定一天中练习深呼吸的时间，这个时间最好是在你能每天坚持的某种行为之后，比如刷牙。

早晨是练习的好时机，因为这会帮你定下这一天舒适而轻松的基调。你可能也会想在中午休息一下，因为你的工作可能会使你感到忙乱，深呼吸有助于你克服困难。睡前是另一个好时机，因为它可以将你带入一种舒适而放松的状态，从而更好地进入梦乡。

2. 选择一个安静的空间来进行呼吸练习，保证你不会被任何事物所打扰。关掉你的手机、电脑，关掉任何可能会干扰到你的设备来确保一段专注的练习。

3. 将计时器设置为 10 分钟。

4. 你可以在垫子上做莲花坐，也可以在椅子上坐直，伸直你的脊椎，双脚踩地，把你的手轻轻地放在大腿上。

5. 慢慢吸气，直到你的肺被充满，让你的肚子在吸气时向外推。

6. 吸气结束时，停下来倒数两秒。

7. 慢慢地、平稳地、完全地把气呼出去，让你的肚子回到它的自然位置。呼气结束时也要暂停倒数两秒。

刚开始的时候不要一次性吸入太多空气，吸气的时候数四下，然后暂停数两下，呼气的时候再数四下。如果你感到呼吸困难，不要太过在意呼吸的深度，通过不断的练习，你的肺活量会逐渐提升，就能吸入更多的空气了。

现在让我们进入另一个专注于呼吸的正念练习，带你进入更高阶的内在安宁状态。

排除杂念练习二：冥想

“冥想不是为了让你的杂念平静下来，而是为了带领你去往那份本来就存在的宁静，那份被脑海中飘过的无数想法所深埋的宁静。”

——迪帕克·乔布拉（Deepak Chopra）

你不需要成为一个佛教徒，也不需要是一名神秘主义者，更不需要是一个带着水晶的嬉皮士。你可以拥有任何宗教信仰，也可以没有宗教信仰。这都不妨碍你从冥想中获得好处，把它作为一种工具，来清理你的大脑。

如果你从来没接触过冥想，你可能会觉得莲花坐是一种宗教行为，对冥想望而却步。但是答应我，别让那些陈词滥调阻止你尝试冥想，好吗？

丹·哈里斯（Dan Harris）在他的著作《快乐，多10%就足够》中写道："冥想面临着一个巨大的公关问题……但如果你能扔掉宗教文化的包袱，你就会发现冥想只是大脑的一种锻炼方式。"

冥想已有数千年的历史，它起源于古老的佛教、印度教和中国传统。冥想的方式有几十种，但大多数的练习都是以同样的步骤开始：静静地坐下，把注意力集中在你的呼吸上，无视任何干扰你的事物。

冥想的目标取决于冥想练习的类型和冥想者所期望的结果。此刻我们的目的是将冥想作为一种工具，来帮助我们控制自己的思绪，不论你此刻是否是以冥想的姿态端坐着的，我们都希望你能通过冥想来获得更加平静的内在。

冥想的好处会体现在你的日常生活中，它会帮助你控制焦虑与杂念，对你的健康也大有好处，下面让我们来具体地讨论一下冥想的注意事项。

要想通过冥想获得满足感，关键就在于练习。通过每天进行冥想练习，你的冥想技巧会慢慢提高。同时你会发现，随着时间的推移，你的精神、身体和感情也越来越多地从冥想中获益。

巴里注意到，在她冥想的日子里，她不再感到那么焦虑不安了。她能更专注于自己的工作，尤其在写作方面获得了更大的帮助。她还发现自己集中注意力的能力有所提高，当她感到受到潜在的使她分心的诱惑时，她能立即让自己重新投入到手头的任务上。现在，巴里常常会利用短暂的休息时间做冥想练习，来帮助她在特别有压力的时期进行放松。

冥想的步骤简单明了，但实践起来却并不像看上去那么简单。你会发现，在一开始，试图让自己平静下来并保持专注，就像尝试训练跳蚤静止不动一样困难。但是你练习得越多，你就会感到越容易、越愉快。

正如戴维·利维（David Levy）教授在《今日美国》（*USA Today*，美国唯一的彩色全国性英文日报）的采访中所描述的那样，“冥想很像在健身房做分组训练，它强化的是你的注意肌”。

本书讲述的所有方法中，冥想对总体幸福感的提升有着最深刻的影响。长期以来，人们一直吹捧冥想是提高注意力的有效方法，但其实直到最近，研究才证实了这种说法：

• 华盛顿大学的一项研究表明，冥想可以提升工作效率，提高注意力。

• 另一项发表在《大脑研究通报》（*Brain Research Bulletin*）上的研究也支持了冥想可以减轻压力的说法。

• 麻州大学医学院的一项研究表明，冥想可以通过多种方式提高你的整体智力。

• 还有一些研究表明，冥想可以激活大脑，改善抑郁和焦虑的症状，使大脑的学习区和记忆区域皮质变厚，并且能有效改善成瘾症状。

• 研究还发现，冥想能促进发散思维，通过产生大量的新想法，提高人们的创造力。

我们分享这些研究的主要目的是为了证实，冥想对人们的幸福感有着影响深远的好处，除了近千年来各种传闻轶事侧面证实的这种观点以外，冥想的好处在现代也得到了坚实的科学研究证明。如果你仍怀疑冥想是否值得你花费时间和精力去练习，希望通过我们的介绍，能够让你开始改变你的观点。

就让我们从巴里和斯蒂夫都在进行的这个非常简单的十分钟冥想练习开始吧，如果你愿意，你今天就可以开始做这个练习。这个练习没有什么奇特或复杂的地方，你不需要特殊的衣服或装备。你所需要的只是一个安静的空间和坚持下去的意愿。

遵循下面的十一个步骤，来养成你冥想的习惯吧！

1. 找一个安静的空间来进行冥想练习，你可以关上门来确保自己能够一个人安静地待在这个空间里。

2. 为练习定一个具体的时间。如果你已经开始练习之前介绍过的深呼吸，那么你可以在练习完深呼吸后直接开始冥想练习。你也可以选择在另一个不同的时间做冥想练习，这两种方法都可以，但一定要选好时间。

3. 你可以选择找个垫子坐在地上，也可以坐在靠背椅或沙发上。冥想的过程中尽量不要倚靠在椅子上面，因为你可能会犯困然后睡过去。

4. 确保远离一切干扰，关掉所有的数码设备和任何会发出噪音的电器。别忘了把宠物赶出去。

5. 设定 10 分钟的计时器。

6. 放松地坐在椅子上，或盘腿找个垫子坐在地上。保持脊柱直立，双手轻轻放在大腿上。

7. 闭上眼睛，或者目光向下凝视。然后用你的鼻子进行几次深呼吸，我们建议一次练习中做三到四次深呼吸。

8. 将意识集中于你的呼吸，感受空气从你的鼻孔进进出出，胸腔与腹部随着呼吸起起伏伏。让你的呼吸逐渐变得自然，不需要刻意进行。

9. 然后把注意力集中在呼吸的感觉上，你可以随着呼吸的节奏，吸气的时候在脑海里想“吸”，呼气的时候在脑海里想“呼”。

10. 刚开始的时候，你的思维肯定会不受控制地乱跑。每当思维抛锚的时候，慢慢地让这些杂乱的想法离开你的大脑，然后把你的注意力重新集中到呼吸的感觉上。不要因为脑海里突然产生的无关事物而批评自己，这只是你的“野猴子思维”试图来捣乱罢了。你只需要把注意力集中到呼吸上，一开始这个过程可能会重复几十次，但不要担心，你要做的只是集中注意力就可以了，坚持过后自然会水到渠成。

11. 当你集中注意力在呼吸上时，你也可能会产生其他的知觉，比如听到声音、感到身体不适或产生某种情绪等，单纯地去感受它们在你的意识中的出现，然后轻轻地把注意力拉回到呼吸的感觉上去。

你的目标是慢慢成为一个旁观者，去观察所有的声音、感觉、情绪、思想是怎么产生又如何消逝的。远远地观察它们，不要带着判断和评论。

与其让你的大脑在杂念产生的时候瞎想，不如就这样安静地进行观察，最终你将能更好地控制你的思维，获得重新将注意力集中于当下的能力。

一开始，你会感觉到自己一直在与你的“野猴子思维”争斗。但是通过练习，你将不再需要不断地主动把注意力转移回冥想上。杂念开始自然地消失，你的思想终于迈入了一个广阔的空间，这个空间充满宁静，能让你感受到当下。这将是一次非常平静、令人满意的经历。

冥想大师将这个静止的广阔空间称为“间隙”(gap)——无数念头中的沉默空间。起初，这个间隙很狭窄，在间隙中停留几秒都很困难。但当你成为一个更熟练的冥想者，你会发现间隙变得更加开阔，也更容易进入。你可以在间隙中休息更长的时间。

你可以通过下面这个练习来短暂地感受一下间隙的存在：闭上眼睛，开始关注你大脑中的想法，单纯地观察它们的产生和消逝，持续几秒钟。然后问自己一个问题：“我的下一个想法会从哪儿来？”停下等待答案出现。当你等待答案的时候，你就会发现自己已经进入了一个狭窄的间隙空间。

埃克哈特·托利（Eckhart Tolle），《当下的力量》（*The Power of Now*）的作者，认为这种间隙体验就像猫在观察老鼠洞，此时的你很清醒，你在等待，但你的思想并不在那个洞里。

你也可以通过认真倾听来进入间隙状态。安静地坐下，然后专注地去听，就好像你要听到远处那些微小的声音。然后你就会发现，自己的头脑很清醒，精神很集中，并没有受到其他杂念的干扰。

在练习冥想的前期，你可能不容易进入到间隙中。事实上，前期你会经常需要主动地重新集中注意力。你总会因为身体上的不舒服而分心，并且搞不明白自己为什么要做这种愚蠢的练习。

因为“做得不好”，你可能会严厉地批评自己，并且怀疑自己根本没有进步。在冥想期间，你的想法可能会漫无边际地发散，关注你的感受，关注冥想是如何进行的。而当你终于体验到间隙的时候，也可能会因为这一瞬间的到来而兴奋，反而被干扰。

你要做的就是观察，然后让你的思想重新回到当下，回到你的呼吸上。练习冥想不是为了到达极乐世界，也不是为了灵魂的觉醒。我们只是单纯地想要提高对思想的控制，让杂念不再掌控你的大脑。你努力的结果将给予你一个你可以做主的精神家园。

一些初学者喜欢用冥想指导（语音）来帮助他们练习，保持专注。你可以在网上找到很多这样的指导（语音），甚至还有许多这样的手机应用，可以从网络上方便地得到。

这里我们推荐以下三个手机应用来帮助大家开始练习：

1. Buddhify：这个应用有超过 80 个音轨，包含各种各样的主题，来帮助指导冥想。

2. Omvana：这个应用收录了许多名人的冥想指导，包括著名作家、德高望重的老师以及精神领域的名流。

3. Headspace：这个应用中有许多系列的 10 分钟练习指导，帮助你训练你的思维。

如果你发现自己喜欢冥想，你可以将每天 10 分钟的练习延长至 30 分钟，也可以将练习拆分为两个阶段，每段 15 分钟，在每天的不同时间段进行。

斯蒂夫和巴里发现记录冥想日记是非常重要的，你可以记录冥想过程中的经验和感受。尽量在冥想练习后立刻记录，以确保你不会忘记。你可以写写自己在冥想过程中感受到的不适，也可以记录自己因何而感到心烦意乱。记录你是否有感受到间隙的存在，并写下自己每天精神状态的变化，不管你的焦虑和压力的状态是否减轻，即使没有，也都记下来。

久而久之，你将会拥有一份档案，它体现了你是如何进步的，也展现了这些练习是如何影响你的整体心态的。

但假如看了这么多介绍，你仍然觉得冥想不适合自己，那么我猜你大概会需要另一个不同的方法来帮助你摆脱经常困扰你的那些杂念。事不宜迟，让我们开始讨论新的方法吧。

排除杂念练习三：驯服消极思想

“无论你认为自己能行或不行，你都是对的！”

——亨利·福特（Henry Ford）

思考对现代生活的竞争与生存是至关重要的，批判性思维使我们能够快速有效地解决问题；创造性思维使我们能够产生原创的、多样化的、详细的创意。但是不请自来的消极思想常会搅乱我们的头脑，耗尽我们对生活的热情。

澳大利亚心理学家罗斯·哈里斯（Russ Harris）博士，在他的著作《幸福陷阱：如何停止挣扎，开始生活》（*The Happiness Trap: How to Stop Struggling and Start Living*）中写道：“为了生存，进化塑造了我们的大脑，强迫我们感受心理上的痛苦。我们学会去比较、评估、批评我们自己，学会去关注我们缺少什么，开始变得对自己所拥有的一切感到不满，开始去想象各种各样恐怖的场景，而这些场景基本不会发生。怪不得人很难快乐起来！”

许多人终生都被消极思想所困扰，他们觉得自己无法控制自己脑海中的想法。更糟糕的是，他们是相信脑袋里的那些告诉他们天塌了的“声音”的。

虽然消极倾向是真实存在的，但它并不能阻挡我们有意识地主动改变。让思想陷入担忧和绝望中看起来是很自然的，但如果不去挑战它，反而接受这种自然成为你的一部分，消极思想就会强化。其实你是有能力认识到这种趋势的，并且可以通过养成重构的习惯来改变它。

你需要观察你的思维模式，并在这种思维模式失控前打断它。这里有六种策略，你可以用它们驯服你的思想。每种策略都只需要几分钟时间来实践，简单易行。

策略一：做一个旁观者

首先要觉察到你的想法。把“自我”从你的思想中分离出来，仅仅只是去观察你的脑海里发生了什么。

这里的技巧在于用一种公正的方式来面对自己，不带任何评价。只做一个思想的目击者。

你可以抽时间在有空的时候进行这项练习，也可以在冥想的过程中同时完成。你要观察你的想法，而不是陷入其中，导致那些消极情绪肆无忌惮地生长。

策略二：给思想命名

另一种将自己与思想分开的方法，是从精神上意识到它们只不过是思想，而不是你的真实存在。

举个例子，如果你内心这样想："我永远也做不完这件事。"那么把内心的对话改成下面这样子："我现在有一个想法，这个想法说我永远也做不完这件事。"这会强化你不是你的思想的事实。

策略三：说不

当你陷入焦虑的循环，简单地发出声音说"停"！（出声的行为会有强化中断的效果），然后想象一堵沉重的金属墙砰的一声倒在你失控的思想面前。

巴里时常会想象自己将消极思想推进了一个深坑，或把它们绑在气球上飘走。想象能够帮助你摆脱消极思维。

策略四：橡皮筋魔术

在你的手腕上套一个橡皮筋。当你看到橡皮筋的时候，停下来注意你的思想。假如你此时陷入了消极的思想中，就把橡皮筋换一个手带上，或者轻轻地用橡皮筋在你的手腕上弹一下。这种行为会中断你的消极思维。

策略五：找到你的触发器

通常来讲，过度思考和消极情绪往往和某些人、某些情景或某种身体状态有关。注意这些共通的焦虑，是否是因为什么事情发生了，才导致你脑内杂念的爆发？

如果确实是这样，当问题发生时，记录下这些触发你情绪的触发器。这将会保护你不被泛滥的消极思想所控制。

策略六：分散你的注意力

用分散注意力的方法打断脑内消极思想的循环。你可以做一些能占据你思维的事情，这样消极思维就没有空间来打扰你了。让你的大脑沉浸在一个需要注意力和脑力的项目上，如果你正在堵车的路上，或正在排队，可以试试背数学公式，或者背诵一首诗。

排除杂念练习四：新思想替换旧思想

老实说，你一生注定要在消极思维中挣扎。你不可能靠纯粹的意志力来和数百万年的进化路线抗衡。就像罗斯•哈里斯（Russ Harris）博士所说："任何关于没有痛苦的生存方式的研究都注定会失败的。"

但通过筛选你脑中可以保留的思想，你也可以更主动地去控制这些令你痛苦的思维，让一切变得好过一些。

打断杂念只是训练你的大脑与消极思维分离的一个部分，你的大脑厌恶真空，所以你需要用一些有建设性的思维来填满这些空缺，避免你的思维重新回到旧模式里。

下面有四种方法可以帮你做到这件事：

1. 挑战旧思想，替换新思想

你可能会注意到你的许多想法都被过分夸大了。它们不是真相，至少不是全部真相。你可能会想：“我是一个失败者，我永远也不能正确地做事。”那一刻，你感觉自己就是个失败者，但如果你仔细地检讨这个想法，你会意识到它并不是完全真实的。你曾经做过许多事情，而且在很多场合它们都很成功。

与其让这种“全或无”的思想占据你的大脑，不如在消极思想发生的时候挑战它。只需要简单地用一个具体地例子来反驳你的想法，用那些积极的事件或过去的“胜利”来提醒你的大脑，这种以偏概全的想法是不正确的。

举个例子，让我们假设你是一位在最新的一本书中饱受负面评论的作家。你的第一个想法可能是：“我是一个糟糕的作家，每个人都讨厌我写的东西。”但是，如果你花时间去看 100 个以前的积极评论，你就会意识到你的大多数读者都喜欢你写的内容。

用这种积极提示的方式一开始可能会让你感到困难，但最终你将能获得打断消极思维循环的本领。这个习惯可以帮助你掌握你的现实状态，阻碍那些时常袭来的自我毁灭的念头破坏你的宁静。

2. 学会接受

你可能会有这样的问题：“针对那些真实的消极思想，我们能做什么呢？”换句话说，在消极情绪有着合理理由存在的时候，我们该如何应付？

事实上，有时候你会觉得保持乐观的预期是不可能的。面对这些具有挑战性的情况时，我们的想法和感受往往会比情况本身糟糕得多，这也是事实。

在困难时期，你不能完全消除你的烦恼，但是你可以通过接受来减少它们。当你与糟糕的现实状况做斗争时，你的心灵又增添了一层痛苦。此时你不应该因自己没有解决当下状态的方案而感到担忧或内疚。相反，你需要保持头脑清醒冷静。

当你发现自己正在不断地挣扎和反思，先停下来，然后这样告诉自己："我接受这样的情况发生。"做一次深呼吸，然后试着停止那些精神上的反驳。当你开始接受这个精神挑战时，你需要这样做：

- 下定决心去做任何能够改善现状的事情。
- 寻找任何能够让你从中学习的积极事物。
- 寻找能够帮助你忍耐的支持。

接受当下的形势并不意味着不采取行动。这只是让你不要盲目地战斗或落荒而逃。你要把自己放在一个允许你采取正确和有用行动的状态里。

3. 进行有效思考

过度思考往往是无意义的行为，所以为什么不把能量用在用心思考和行动上呢？

当你的大脑乱作一团，做些积极的事情将会帮助你摆脱消极思维。几乎任何需要脑力和注意力的事情都会起作用，但我们建议你优先去做那些符合你价值观、目标的事情，那些需要你优先考虑的问题。

确定你的目标是一种好方法，下一章我们将会讨论到。

你可以做的第一个有意义的思考就是确定你下一年的价值观和优先事项。

你还可以尝试一些其他的活动：

- 写作
- 学习一种乐器
- 做手工
- 画画
- 处理复杂的问题
- 学习
- 背诵某些东西
- 练习演讲
- 从头开始设计一样东西

以上这些行为都需要注意力和一定程度上的精神挑战。这可以帮助你避免重新陷入过度思考的担忧中。

4. 设定一个焦虑计时器

你无法完全改掉焦虑的习惯，有时你会被这种强烈的消极思想淹没，以至于没有多少闲余的时间去进行自我交谈，也无法完成转移注意力的任务。但即使在这些时候，你也不必陷入负面思想的沼泽之中。你可以限制你在头脑中瞎想所花费的时间，这样你就不会下沉得太深，不至于难以逃脱。

设置一个 10~15 分钟的计时器，并允许你自己在这个时间段内因为任何的事情而感到压力。把内心中的那些烦恼和忧虑都释放出来！用这些时间来表达那些深埋在心中的感受和想法。实际上，在这段“担忧时间”中，你甚至可以将你的想法记录在日记里。亲手写下你的想法能帮助你整理你当下的思想，并且常常能引导你找到那些解决问题的方法。

当计时器停止后，起身做一些分散注意力的事情（比如之前的策略中建议的那些）来帮助你摆脱“担忧时间”。如果你发现一段“担忧时间”是不够用的，那么可以安排两段，一段在早上，另一段放在下午。在这两段时间的中间，如果你发现自己开始有陷入消极思维的趋势，那么提醒自己，尽量拖到下一段担忧时间开始，再放心大胆地发泄心中的忧虑。

本章小结

这些策略你可能不会全都去尝试，但这些策略都能成为你改变自己的工具。巴里已经得到了挑战思想的能力，并且也认识到，思想并不总能反映现实的这个事实，对减轻焦虑具有强大的特殊功效。

你会找到这些练习中对你最有用的那一种，并且认识到究竟是哪些杂念经常盘踞在你的大脑中。如果你感觉自己又回到了旧的思维模式，不要感到灰心丧气。任何新的行为在成为习惯之前，都需要经常性地练习，才能变得更加自动化。

现在，让我们来谈谈确认你的“为什么”的重要性，它究竟是如何消除心理障碍，让你的生活变得更简单，使你可以专注于对你而言最重要的事情。

第二部分

整理你的生活

如何确定自己的核心价值观

现代生活所面临的其中一种挑战，是在一开始就能够从无数看起来似乎很重要的义务中，弄清楚究竟什么才是真正重要的。如果你和大多数人一样，那么你可能会发现弄清楚它是很困难的。

可以说，现代是人类生存史上获取信息最容易最方便的一个时代，但这种新生活并没有向我们介绍怎么样来管理这些信息。

我们中的许多人都曾感受到不堪重负，甚至于无法回过头来重新去评估这些超载的信息对我们的影响有多么大。我们也不知道该如何去给这些信息划分优先级。我们变成了垃圾桶，生活扔给我们什么，我们就装什么，而很少去评估到底哪些信息对我们来说才是好的。

我们的祖父母和曾祖父母，肯定也和我们一样忙于生活。他们并不能像我们一样，从现代高效的管理技术上获益，来让生活变得更加容易而有效率。可他们却有一点一定是超过我们的，那就是他们并不需要像我们一样，被各种各样的信息和数不清的选择所困扰。

由于没有金钱的诱惑和选择的困扰，他们清楚地知道如何安排自己的时间，到底要优先做些什么。“伟大的一代”（Greatest Generation），这些在大萧条时期成长起来的人，经历了二战和二战后的艰难岁月，使他们拥有了强烈而明确的价值观，他们极具使命感，同时清楚地知道到底什么才是重要的。

强烈的职业道德感，加上对家庭、信仰和国家的忠贞，定义了这一代美国人。他们知道他们是谁，他们代表什么，他们应该用自己的时间和精力做些什么。

幸运的是，实际上有一个简单的办法，可以屏蔽现代社会的“噪音”，让你做出有效的决定。当你感到选择太多而无法承受时，记得这样做：定义你的核心价值观。

为什么要定义核心价值观？

如何评估脑内五花八门的杂念？定义你的价值观，并以此作为生活原则，是最简单的一种方法。这种方法能够帮你获得一种更有满足感的生活状态。现代人比以往任何时候都需要这种生活原则，来帮助我们搞明白，我们到底想要怎样利用我们的时间、精力、金钱去更好地生活。

核心价值观为什么重要？

因为你的核心价值观可以作为衡量你生活中所有选择和决定的标尺，让你能够将精力有针对性地花在成为想成为的人和过希望过的生活上。行为与价值观一致，你将收获快乐、平静、镇定，这种生活环境对你来说是最棒的。

核心价值观为你创造了人生的根基，在你经历困难与变故时，能够帮助你坚强地挺过去。这就像是抱住了一棵扎根极深极稳的大树，生活的风暴将不会使你动摇。当你确定了你的价值观，你会发现困扰减少了，忧虑消除了，焦虑不见了，一切都那么平静而美好。

我们来讲讲巴里的亲身经历吧，在她的职业生涯中，她所信奉的核心价值观是自由与灵活。当她确定了这个价值观后，她便不再想要继续朝九晚五的生活了，因为她知道这样她是不会开心的。即便有极好的工作机会找上门来，她也能轻松地拒绝。因为她已经清楚地确定了自己的价值观，不再会因为外物而感到困扰了。

博客“个人发展”（Personal Development）的博主史蒂夫·帕弗利纳（Steve Pavlina）是这样讲述核心价值观的重要性的：

价值观就像一个指南针，每一天都能指引我们回到原来的轨道上，日复一日，我们就能朝着心目中“最好”的生活前进。“最好”是你的理想，但一般来说，当你不断接近这个理想时，即使你从未达到“最好”，你也能从“更好”中获益良多。这是很有意义的，因为生活中的许多结果都是有连续性的。

违背核心价值观将会导致预想之外的状况，使你感到焦虑而沮丧。如果你还没有确定核心价值观，你可能会觉得没有方向，工作和生活失去平衡，而且你搞不清楚这是为什么。

本章节，我们将讲述四种确定核心价值观的方法，通过这些方法，你将能够确定自己每天到底该做些什么，到底什么对你来说才是重要的。

方法一：确定你的个人价值观

想知道究竟是什么东西让你感到不对劲，首先你必须明白，对你来说，什么才是正确的。

你究竟想成为什么样的人？又想过什么样的生活？

从未确认过自己的价值观的你，此时就好像在生活的大海中迷失了方向一般，没有罗盘，漫无目的。你让风决定你的方向，接受即将面临的一切结果，甚至从来没有产生过怀疑。即使你曾经确定过自己的价值观，重新审视它也是非常重要的，因为你的价值观随时可能随着时间改变。

让我们跟随下面六个步骤来确定自己的价值观：

1. 浏览附录里的词汇表（第 204 页），把所有你认为对你个人生活来说重要的词汇都记录下来。

2. 再浏览一遍词汇表，把那些你认为会对事业重要的词汇写下来。

3. 取两张纸，分别记录刚才记下的词汇中排名前五或前六的词汇。在这两张纸上分别写下标题，一个是“生活价值观”，另一个是“工作价值观”。

4. 在每张价值观表下面，写下你最近没能遵守这些价值观的生活行为。举个例子：你认为和家人一起度过美好时光是非常重要的，可你一周中的五天都在出差，这就是不符合你价值观的行为。

5. 对每种价值观，想想你能做些什么，来修正这些违背价值观的情境。问问你自己：“这种情况下我应该做些什么，才能不违背自己的价值观呢？”我们还拿和家人在一起的这个问题来举例，假设你要保证每周都能有大量和家人在一起的时间，也许你需要做的是减少你的出差计划，或者把一些工作带回家里做，这样也能最大限度地保证和家人相处的时间。按照这种方法，在生活和工作两张表上都写下你能做的事情，即使这些事情目前看起来根本无法实现。

6. 浏览这两个行动清单，在那些现在或最近看起来能够实现的行动上标记号。把这些标了记号的行动分解为更小的、更加可执行的行为，这些行为可能是打电话、重做日程表、分出一些职责，也可能是重新换一份工作或重新开始一段婚姻。

当你完成了这个与你目标一致的价值清单，记得每天都要回顾它，并确保你所采取的行动符合这些价值观的期望。你可能想优先回顾你的生活价值观，然后再关注你的职业价值观。又或者你也可以从每个清单中选一个价值观来进行回顾。

无论你选择了什么，一定要从价值观与行为最脱节的部分开始。因为这是你最容易感到痛苦和动荡的地方。逐渐地去完成你的行动清单，让你不再有时间想东想西，这样可以使你避免再次被杂念困扰，而采取违背自己价值观的行动。

即使是微小的、渐进的改变，也会对你的态度造成巨大的、积极的影响。你会重拾方向感，找到真正的目标，即使你不能立刻就为你的方向采取行动，这也会给你带来一种难以置信的力量感。

虽然你的生活仍会起起伏伏，但这些价值观练习可以作为你的工具，帮助你平安度过生活中的大起大落。

方法二：确定生活任务的优先级

当你确定了你的核心价值观，是时候利用这些成果来做下一个练习了：确认生活中各项任务的优先级。通过优先级排序，你就能清楚地知道自己到底要把时间、精力、金钱耗费在什么地方。

当我们还没有确定生活事项优先级的时候，我们常常让生活压力来决定要做什么。收到一封邮件，回复这封邮件；浏览到了想要的降价商品，购买这个商品；工作中被人打扰，只能选择原谅对方。如果我们不知道那个在我们生活中举足轻重的大前提是什么，我们的生活就会没有章法，没有边界，也没有什么是需要优先去选择的了。

下面这个练习，可以帮你梳理你近期的行为，让你能够清晰地看到自己最近都把时间、精力、金钱花费在什么上面了。

尽可能诚实地回答下面的问题，并且确保你已经完成了之前练习里讲到的生活、工作价值观清单和行动清单。

• 你每天会耗费多长时间在与你核心价值观无关的事情上？（例如：上网、看肥皂剧、购物或做你不喜欢的工作）

• 你的钱无意识中都花在哪些地方了？

• 你是如何下意识地与你关心的人互动的？

• 工作中你是如何做决定的？（例如：你是有一个提前的计划，还是处于一种对发生了的事情做回应的“反应”模式中？）

• 你会花费多长时间来考虑如何最好地支配时间和金钱？

• 在你没有意识到的情况下，你让你的生活中出现什么样的任务、义务和关系？

• 你是如何忽略那些看起来没时间去做对你生活非常重要的事情呢？

通过上面的问答，你已经明白了自己把时间精力都放在了哪里。现在让我们来规划下生活中的优先事项吧。

先来看看下面这七个生活中主要的部分，然后来确认你究竟想要把时间和金钱优先花费在什么事情上。

如果你觉得下面七条与自己的实际情况不符，可以自由地添加或删减任何一部分。这里我们将生活划分为下面几个重要组成部分：

1. 事业

2. 家庭

3. 婚姻（或情侣）

4. 精神 / 个人成长 / 个人发展

5. 休闲 / 社交

6. 生活管理（例如：家务、理财）

7. 健康与健身

如果你一天睡 8 个小时，那就只剩下 16 个小时是清醒的了。让我们每天用 2 小时解决个人卫生和饮食，那么一天就有只有 14 个小时可支配，一个星期 98 个小时。为了方便计算，我们假设一周最多有 100 小时可供支配。

假设在一个理想的世界里，你将如何分配你生活中的七个关键领域？在你的价值观指导下，每周 100 个小时的可支配时间，你愿意在每一个领域中投入多少？

两个例子

巴里近期将事业、爱情和生活管理看得很重，她的孩子已经成年，由于搬家，她的朋友和家人都不在身边。

理想中，她希望能花更多的时间在休闲和社交上，同时也希望兼顾个人发展。她正在尝试花费更多的时间精力在这些事情上，以符合自己的新定位。

斯蒂夫近来新婚得子，父母也刚过古稀，因此他更愿意把重心放在家庭上。他近期的目标是尽可能多地陪伴他最爱的家人们。

尽管前两年，事业和健身对他来说是最优先的，但现在和人际关系比起来，这些已经不重要了。这意味着需要对那些一度曾经很重要的目标“放手”。所以虽然他仍喜欢努力工作，但在无法突破事业和健身的瓶颈时，他学会了不焦虑。

上面是作者们的亲身经历，为了帮助你寻找到属于你自己的优先级，我们建议你可以先回答下面这两个简单的问题：

1. 你现在生活中各项任务的优先级，与理想中的有怎样的不同?

2. 为了将你的努力用在对你来说真正重要的事情上，你需要采取哪些行动?

我们建议你先从可以产生最积极影响的部分入手，你也可以先去处理那些会让你感到不平衡的部分。通过这些部分，你可能就会发现自己的价值观是如何被违背的。

比如说，你可能认为家庭是最重要的，和家人一起其乐融融是最为优先的。那么就先采取一个小的行动，比如每周多花一小时，和家人有质量地共处。

当然，时间上可能会产生很多冲突。但很多事其实是可以轻易地推掉的，至少它们并不是那么紧急。持续地增加周末和家人相处的时间，直到你感觉和理想中差不多了为止。

有时候，改变生活中的优先级是非常困难的。你想和家人一起共度时光，但这是否会影响到你的工作日程呢?假如会，那么你需要做什么来应对可能产生的后果呢?

如果你想把更多的时间花在健身上，你可能需要养成全新的、具有挑战性的习惯，来帮助你完成你的目标。

而如果你想要拥有一段健康而快乐的婚姻，你可能就需要放弃花费在电脑和电视上的时间了。这在一开始可能会非常艰难，以至于你都不想坚持下去。

只确定生活优先级是不够的。我们需要去做一些看起来很困难的改变。但当你越接近你的理想，你内心的冲突与挣扎就会越少。

随着时间的推移，你不会再想念那些旧习惯、旧选择和旧行为。你的生活将变得更容易，因为你活得真实，忠于你的价值观和优先级。

练习：目标设定

当你成功地定义了价值观，并确定了优先级，自然而然地，我们就需要去考虑怎么把它们应用到未来的生活当中。尽管担忧未来会让你感到心神不宁，但对未来的规划是非常重要并且有价值的，它会为目标的达成奠定基础。

然而，向往着未来，却对现状保持满意，这种情况真的可能吗？人类真的能够在满足现状的同时寻求进化吗？我们认为，聚焦未来，但仍能享受当下，这种状况是可能的。

许多伟大的作家和哲学家，都曾探讨过当下的知足。著名心理学家亚伯拉罕·马斯洛（Abraham Maslow）曾这样说过："活在当下的能力是精神健康的重要组成部分。"

著名的佛教禅宗僧侣、作家释一行禅师（thích Nhat Hanh）教导我们在生命中的每一刻、每一息、每一步，都应该有意识地去体验快乐的降临。

他认为在你感到满足之前，你不需要等待改变或等待更好的未来。如果你选择看到当下周围的美好，你就会立刻感到心满意足。

当然，说起来容易做起来难。现实是，日常生活总是不断地把我们推向未来。我们担心着账单，担心着孩子的未来，担心着自己的健康。况且设定目标的本质就是面向未来。

然而，纠结未来“是什么样”会让我们感到痛苦。期待未来的美好愿景总会剥夺我们当下的快乐体验。

如果对未来的憧憬让你远离当下，又何必对未来那么在意呢？

不管你在不在意未来，变化都会发生在你身上。

生活是不断变化的，不管我们此刻是在努力练习冥想，全神贯注地想要活在当下，还是放任我们的思绪畅想未来的景象，生活都不会一成不变。所以我们也许可以有意识地去开创未来。

当你接受了满足与改变可以同时发生的事实，你就不会再因一些非此即彼的想法而紧张了。有一种方法，可以在正念和自我创造间创造平衡。

你可以把实现目标的过程看作是幸福和满足的归宿。与其在等待结果的时候退缩，不如享受沿途的每一步。每一个启示和每一个行动都应当被品尝、庆祝。

现在你知道设定目标与享受当下并不矛盾了。那就让我们来探讨如何设定和完成目标。

你第一次坐下来思考你未来的目标时，记得将你的核心价值观和生活重点作为参考。只要你的价值观和优先事项仍然有效，它们就会是指导你设定目标的指南针。否则，迎接你的将是一个充满了挫折与不快的未来。

在下一节中，我们将通过展示斯蒂夫建立重要目标的过程，来讲述设定目标的方法。这个方法的好处在于，不仅能使你减轻对未来的焦虑，还能让你更好地关注当下生活中正在发生着什么。

方法三：设定季度 S.M.A.R.T. 目标

设定 S.M.A.R.T. 目标能有效地帮你找到你人生中真正重要的东西。这些目标短期内就能够实现。你需要在每个季度（每三个月）设定一次目标，而不是像年度目标那样，总是让你脱离现实状况。

让我们先简单地讲解一下 S.M.A.R.T. 目标

乔治•多兰（George Doran）是 S.M.A.R.T. 法的创始人。该方法最早发布在 1981 年的《管理评论》（*Management Review*）上。五个首字母分别代表着：具体的（Specific）、可衡量的（Measurable）、可达成的（Attainable）、相关联的（Relevant）和有时限的（Time-bound）。

下面让我们详细介绍一下每个组成部分：

S：具体的（Specific）

具体的目标将回答你六个以 W 字母开头的问题：谁（who）、什么（what）、哪里（where）、什么时候（when）、哪一个（which）、为什么（why）。

当我们能够分辨答案里的每一种元素后，我们就知道用哪种工具和行动可以帮我们达成目标了。

• 何人：目标涉及了哪些人？

• 何事：你想完成什么目标？

• 何处：你准备在哪里完成你的目标？

• 何时：你打算什么时候开始做？

• 何物：什么东西可能会妨碍你？

• 何因：你为什么要这样做？

当你能够分别完成每一个元素所代表的任务后（比如何时、何地、何事），你就会知道，你的目标已经完成了。

M：可衡量的（Measurable）

可衡量的目标是通过精确的时间、数量或其他单位来定义的。本质上是那些可以用来量化目标实现程度的指标。

建立可衡量的目标会使做决定变得更加容易，同时也能验证你前进的方向是否正确。一般来说，一个可衡量的目标可以通过问自己“怎么做”“做多少”“做的速度”来确定。

A：**可达成的（Attainable）**

可达成的目标会延伸你所认为的可能性的极限。它们并非不可完成，但总是充满了挑战。设立可达成目标的关键点在于，创造一个恰好超越你现在能力所能达成的目标。这样做，即使做失败了，你仍旧能够完成一些有意义的事情。

R：**相关联的（Relevant）**

相关联的目标的关键在于你真正地渴望。它与你人生中重要的一切事物和谐共生，从事业成功到家庭幸福，都能够成为相关联的目标。

T：**有时限的（Time—bound）**

有时限的目标会有明确的截止日期。你需要在目标时间前完成你想达成的结果。有时限的目标是具有挑战性而又脚踏实地的。完成的时间可以是当日、几周后、几个月内甚至几年。建立有时限目标的关键是，设定截止日期，然后倒着推论你要做的事情，并养成定时完成的习惯。

S.M.A.R.T. 目标是明确而容易确定的。你想达成的结果是确定的，而到了截止日期，是否完成了目标也变得一目了然。

下面这个例子讲述了 S.M.A.R.T. 目标是如何与之前讲述的人生中的七个重要部分产生联系的：

1. **事业**："我将在两个月内通过推介、网络和社交媒体营销活动为我的网页设计顾问提供五个新项目。"

2. **家庭**："每六个月至少带我家人去旅行一次，加强我和家庭的联系。每个月我会留出一个小时来规划未来的旅行。"

3. **婚姻（或情侣）**："我要从我的伴侣身上找到我最爱的三个点，然后在周五的晚上向她表白。我会在周四晚上抽 30 分钟来完成这件事，这样我就可以边回顾我们所度过的美好时光边完成这项任务了。"

4. **精神 / 个人成长 / 个人发展**："我打算每天花五分钟来感谢我生命中一切美好的事物。说做就做，在午饭前我就要开始做这件事情，并且养成习惯。"

5. **休闲 / 社交**："我决定每周花三个小时练习水彩画。这样我需要减少一些不重要的习惯所耗费的时间，比如看电视。"

6. 生活管理：“每次发工资，我都要把其中的十分之一存起来，然后用它们来投资基金。”

7. 健康与健身：“12 月 31 日前，我要完成每周三次，每次至少半小时的训练。”

希望这七个例子能够让你了解如何创建 S.M.A.R.T. 目标，开始一种平衡的生活。现在让我们完成以下六个步骤，将上述知识转化为行动：

第一步：确定对你来说重要的事情

关注你生活中的所有领域并不能帮你完成对你来说有意义的目标。原因很简单：如果你总想在所做的事情中找到意义，那么当你看着你那长长的目标列表，你很快就会感到不堪重负了。展望未来是非常重要的，但你也需要足够的时间来活在当下。我们的建议是，只关注你生活中的三到四个方面。你可以通过比较我们讨论过的七个方面来确定现在对你而言最重要的是什么。从你认为最重要的几个方面创建目标，挖掘那些会让你感到有挑战性的令人兴奋的目标。

第二步：制定三月计划

斯蒂夫的经验教训表明，长期目标是很容易产生变化的。今天看起来非常紧急的事情下个月可能就不再重要了。对他而言有效的策略是把最优先的目标分解成三个月（或季度）的目标。

我们为什么要这么做呢?

你的生活节奏很快，并且很容易发生变化。为了及时跟上这些变化，制定短期目标就显得极为重要。这些目标能帮助你持续不断地努力，并且保持高动机。

斯蒂夫的经验还告诉他，一个长期目标（比如超过六个月）往往会让人失去动力。假如你知道几个月后才能看到结果，那么重复的行为就很容易让你产生拖延。你会不断地推迟你的计划，承诺你会在下周完成它。然后你发现，一年过去了你什么都没有完成。

所以，为了使事情变得简单好操作，我们建议你确定此时你生命中最重要的 3~4 个部分，然后在每个部分都设定一个你希望在未来三个月内能达成的 S.M.A.R.T. 目标。

第三步：每周总结以及时间表的制定

当你还有大量其他事情需要处理的时候，按部就班地完成目标似乎不那么容易。好在我们有一个简单的方法能解决这个难题：每周做一次总结，并为接下来的七天做一个新的行动计划。

周总结是一个非常棒的概念。戴维·艾伦（David Allen）在他的书《把事做完》（*Getting Things Done*）中讲述了如何去做周总结。这是一个很简单的过程，每周选择一天(斯蒂夫选择的是周日)，在这一天里展望未来七天，然后给那些需要完成的事情做一个时间表。

你可以通过以下三个步骤来完成你的时间表：

1. **回答三个问题**：仔细地预想未来七天可能发生的事情，然后回答下面三个问题：我的义务是什么？我需要优先去处理的事情是什么？我有多少时间？你的回答是非常重要的，这决定了你这七天里有多少时间可以支配来完成自己的目标。你不应该用数以百计的琐事来填充你的时间表。这样做最容易导致精神杂念的产生。相反，你最好能提前地预估可以用来实现重要目标的实际时间。

2. **制定计划**：回答完这三个问题，开始规划接下来的七天。你可以边看目标列表，边规划时间，确保那些最重要的任务能够被完成。

3. 完成你的计划：如果你和巴里、斯蒂夫一样，每周都会产生大量的关于完成目标的极佳点子，那么你可能会面临下面的问题：如何才能实现这些点子呢？我建议你可以记录你的点子，并做如下处理：1. 确定是否要立即去执行；2. 如果不立即执行，那么设定一个执行的时间。

下面我们来看看这个方法是如何运作的：

如果这个想法是立即可行的，那么就制定一个循序渐进的计划来确定你该怎么做。简单地记录下你将执行的一系列任务，然后把这些任务安排到你的周工作计划中。

如果这个想法是不可行的，那么把这个想法放到月总结的存档文件夹里。如果每产生一个想法都这样去做，你就不会忘记在适当的时候完成它们。

周总结在实现目标的过程中是非常重要的。它能帮助你建立危机感，让你能够更好地完成每个目标。同时周总结还能帮你制定每日的行动计划，你将知道每天有哪些任务切实可行。

第四步：行动起来

不行动你永远不可能达成目标。达成目标的诀窍在于把行动分解在每周的任务中。我们建议你采取以下几种行动：

• **把目标转化为任务**：查看目标需要被完成的日期，然后倒着推导你的行动。当你确认了你要完成的任务是什么，最简单的方法是把它们按步骤记录下来，这样你就能按部就班地完成目标了。

• **计划目标时间**：你在每个目标上花多少时间取决于每个任务需要多少时间。有些任务每周只需要几分钟，而有些任务需要你每天都付出努力（这就是为什么要坚持完成每个目标的时间承诺）。计算出每个任务需要多少时间，并将它们安排在你一周的工作计划内。

• **目标的优先级**：我们每天都有大量的事情要处理，它们彼此之间甚至可能产生冲突。怎么解决这个问题？我们建议把最重要的事情放在早上，或一天中任意让你感到精力最为充沛的时间去完成。

• **安排单独任务的时间**：许多人都会陷入一种误区，那就是随时去处理那些重要但不紧急的任务。解决这个问题的好方法是，每周安排固定的时间，来处理这些单独的任务。

斯蒂夫用手机应用 ToDoist 来帮他计划单独的任务。每次他在制定三月计划的时候，他都会用 ToDoist 创建一个新的计划表，然后把那些需要完成的单独任务添加在计划表里。这样他就能清楚地确定自己接下来每天要完成的明确的任务。

第五步：回顾的你目标

完成任何目标都需要连贯性，确保你的行为前后是一致的。这也是为什么我们需要去回顾自己的目标，确保自己完成了每一个重要的任务。我们建议你建立一种衡量标准来量化你目标的完成度。在周总结的时候查看完成度，来确保你循序渐进地完成目标。

不管你有多么忙碌，都该留出回顾总结的时间。如果每天不进行总结，那么你就不太可能获得成功了。

生活常常会在你完成目标时给你出难题，这些难题会让你感到沮丧，对目标失去动力。我们建议你每天都要反复地确认自己的目标，频率在2~3次。通过这种方式，你能够把你的目标放在你意识的最前端，并提醒自己是为了什么而做每天的工作的。

第六步：评估季度目标

每天，你都在为了目标努力工作。每天每周你都会回顾你的努力，并做出总结。但问题是，你可能会忘记回头看看藏在每个目标背后的“为什么”。换句话说，人们常常忘了去重新审视自己的目标，看看它们是否仍旧值得去追求。季度评估是非常重要的，它能确保你的行为与人生目标的一致性，并且能根据你新学到的事物来设立新的目标。

通过回答下面几个问题，你可以完成你的季度评估：

• 我是否收获了预期的结果？

• 什么策略导致了成功或不成功？

• 为了完成目标，我付出了百分之百的努力吗？如果没有，为什么？

• 我是否取得了与我的努力相一致的结果？

• 下个季度我是否还需要制定一个类似的目标？

• 我应该消除或改变什么目标？

• 有没有什么我愿意尝试的新事物出现？

虽然你需要花几个小时来完成季度评估，但这是非常有必要的。季度评估在最大的程度上防止了你在与你计划不一致的目标上浪费时间。短短的几小时与你可能会浪费的时间相比实在不算什么。

以上就是对 S.M.A.R.T. 目标的简介。现在，你拥有了设定目标和制定计划的方法，而确保你能真正去设定目标的最佳方式，是把目标与个人激情联系起来。在下一节和最后一节中，我们将向你展示如何做到这一点。

方法四：做你热爱的事

太多人的生活都是平静而绝望的。清晨伴随着淡淡的恐惧、焦虑或悲伤感醒来，收拾收拾然后去上班；在工作的时候感到不受赏识、不够充实、无聊无趣；一整天的工作后回到家中，身心俱疲地用仅存的一丝力气照顾孩子，做晚饭，然后就只想埋在沙发里看几小时电视直到睡觉。第二天仍旧会以同样的状态醒来，反复着这样的日常。

也许你会说，这并不完全是你的样子，但我很确信你一定也有某种相同的感受。我们的生活会时不时发生抛锚。做得比想象中少，勉为其难地延续那些不会让我们感到开心的工作，想辞职却迟迟不肯行动。这些烦恼都让我们产生杂念，感到心烦意乱。

生活总会在不经意间将我们吞噬，在意识到这一切之前，我们可能已经走上了一条远离自我和真我的道路，忘记了我们是谁，忘记了我们真正想去做的事情。当我们反应过来时，各种各样的义务和责任压在我们的肩膀上，让我们无法放弃，只能维持现状。即使我们感到无比厌恶，想要逃离。

也许“找到你热衷的事物”这句话让你想到微博或公众号里的心灵鸡汤，但说真的，这对你来说这非常非常重要，关乎你每天的日常工作，能够让你知道对自己真正重要的事情是什么。

实际上，当你对自己的工作感到不满意时，你的心理健康会受到很大的负面影响。想想你对一个坏老板、一份你讨厌的工作或你感到后悔从事的职业投入了多少消极的精神能量。我们花大量的时间在工作上，所以对工作的决定将有可能创造或打破你的整体幸福感。

而如果你找到了你热爱的工作，它不仅可以让你摆脱压抑，而且会让你在生活的各个方面都充满活力。

那么，活出激情究竟是什么样子呢？以下几个例子也许可以给你提供答案：

• 大多数日子里，你醒来时都会感到开心而充满热情，想象当天可能会发生的事情就会期待不已。

• 你会感到自己待在“正确”的地方，做那些让你感到想做的、自己会做的事情。

• 你在生活和工作中，会吸引有趣的、志趣相投的人。

• 你对自己所做的事情充满自信和认可，因为这些事非常适合你。

• 你体验到了更深层的目标感或意义感，或至少在总体上感受到了成就感。

• 总的来说，你的生活变得更好，人际关系更幸福了。因为你感到更加满足、更自主，在工作中表现得也更好。

找到你热衷的事情并把它变成你生活的一部分，不是一夜之间就能做成的事情，它不像菜谱一样可以按步骤进行。你需要投入大量的精力，从行动和经验中慢慢地寻找它的踪迹。巴里在她的网络课程中有分享自己的经验，在她的书《52 周寻找激情计划》（*The 52-Week Life Passion Project*）中也有分享，如果有兴趣，可以找来看看。

每个读这本书的读者都是特别的。我们都有着不同的人格、态度、梦想、生活。所以对你来说能唤起激情的事情，也可能与其他人大不相同。因此我们推荐大家做下面

14 个步骤，练习如何寻找自己的激情所在。

第一步：写下愿景

根据你的价值观和优先原则，写下在每个领域，你希望你的生活是什么样子的，尤其是工作方面的愿景。你可能没办法想得那么详细，但你可以从不想做的方面开始入手。

举个例子，五年前，巴里在设想她自己的生活愿景时，这样写道：

我将生活在一个有趣的，充满朝气与活力的城市里，在这里我可以享受自然、艺术、文化、美食，找到志同道合的朋友。我做着我喜欢的工作，用我的教课经验和人际关系技巧来帮助人们，写作和创造也不会落下。

我的工作很灵活，我可以去旅行，也可以在任何地方工作。我的收入不断增加，但我不允许事业破坏生活的平衡。

我将与一个聪明、有趣、善良、有道德感和创造力的男人展开一段相爱而且互相尊重、相互支持的关系。我将和我的朋友、我的家庭互相支持并保持亲密联系。我爱着我的三个孩子，我们之间的关系非常融洽。我会经常花时间感受自然，每年去几个新的地方旅行。每年我都会保持着一种积极的、精力充沛的、健康的状态。我会保持开放，面对新机会，我不会退缩。

现在她可以诚实地说，她把这一愿景变成了现实。她搬到一个新城市，开始做网络授课，来帮助他人自我成长。她每年都会去旅行，也确实培养了自己的人际关系，保持着身体的健康，维护了自己的自由。

我们建议你先写下自己想要什么，然后在认识到某些你人生中一定要做或一定不要做的事情时，再来修改一遍。最后，把这些愿景贴在你每天能够看到的地方，每天确认一遍。

第二步：回顾你最近的生活

如果你发觉自己太过于关注什么是自己不喜欢的生活状态，那么是时候将视线转移到你现在的生活上来，看看它和你之前练习中写下的愿景是否一致。如果你想要继续保持这些事情，提醒自己就在现在，你的部分愿景已经成真了。

把你工作中的每一件你喜欢的事情都列成清单，不管是舒适的办公环境还是你非常喜欢的客户，只要你觉得积极而享受的事情，都可以记下来。个人生活方面也可以做同样的清单，内容可以包括一切对你的生活有用的东西。

在寻找想要的东西的时候，太过关注不想要的事情是得不偿失的。有时候当我们过于关注消极面的时候，往往会忽略了那些积极的方面。这样无异于丢了西瓜捡芝麻，是不划算的。

关于这个主题，如果你想了解更多，可以在巴里的网站阅读一些文章，帮助你找到那些你可能忽视了的爱好。

第三步：了解你自己

开始了解你自己。你是谁，你的动力来自什么，你的优点有哪些。你可以利用一些个性评估量表，比如：

• MBTI 性格测试（the Myers Briggs Test）

• 凯尔西气质类型调查问卷（the Keirsey Temperament Sorter）

• 盖洛普优势识别器 2.0（Strengths Finder 2.0）

尽可能地了解你的人格类型。你会发现，这些信息增强了你对自我的觉察，使你感到安心，同时又能有所启发。

第四步：开始阅读

每天留出 10 分钟的时间来阅读有关你的兴趣或潜在爱好的文章。看看其他人是如何把这些兴趣和想法转化为职业的。记录任何看起来有趣或与你相关的事情。

你也应该考虑参加一个网络课程，去更深层次地了解那些可能成为你潜在爱好的事情。

第五步：填充你的研究

当你开始阅读并研究自己的个性时，你可能会找到一个甚至更多的职业选择。这时你需要做的，是对这些选择进行更深入地研究。了解这些工作都需要什么样的技能和学历，有哪些人在这些领域做得成功，你能得到什么水平的薪资，要花费多长时间，你才能成为这个领域的专家？填充这些必要的细节，让这个潜在的可能性变得真实可执行，是非常重要的。

第六步：寻找一个导师

找到一两个正在从事并且精通你想要做的事情的人，想办法去联系他们。可以给他们发邮件，问问他们是否可以给你一些建议。你可以做一个表，把想问的问题都写下来，看看对方是否愿意为你解答。

第七步：分解你的行动

为了将你之前调查过的爱好变成工作，想想看为了达到这个目的，你可能需要采取的所有行动。给这些行动做一个长长的列表，然后分一下优先级和顺序。把每个行动都拆解到最小。

第八步：迈出第一步

做一件具体的事情，来开始你的行动。可以是整理你的简历，也可以是报名参加培训班，或者可以给某个人打电话。你也许不能百分之百地确定这第一步是否正确，但不做怎么知道它是否正确呢？所以，设定一个日期，然后去行动。

如果你卡住了，回到之前讲过的 S.M.A.R.T 目标里的季度目标上。我们建议你把追求有意义的职业生涯这件事情转化为你能每天为之付出行动的日常。

第九步：开始测试

假如你不确定接下来要做的是否就是自己一生所追求的事业，那么验证它的最好的方法就是去测试一下。不是要你立刻就开始投入全部精力在一份新工作上，你可以试试用志愿活动、兼职或跟随某人并观察他的方式，来确认这是不是你未来想要的。这个测试会给你一些真实的反馈，来帮助你确认自己是否找到了真正想要做的事情。

第十步：考虑其他人的感受

记得让那些与你亲近的人参与到你的行动中来。你可能会遇到一些阻力，所以你需要提前考虑这种可能性，以及你将如何处理它。你的底线是什么？他们的底线又是什么？保持和亲密的人之间沟通畅通。

第十一步：存钱

专门开一个账户，并开始存钱。当你向新事物过渡时，你可能会需要这笔钱。它可用于额外的教育、培训、创业，或在你事业刚开始起步的时候，维持你的经济状况。你需要考虑如何在紧要关头时增加额外的收入。即使你是从一份全职工作过渡到另一份全职工作，有备无患也是好的。

第十二步：计划你的收入

你需要确定可接受的最低年收入。为了确定这个数字，你需要知道你把钱都花在了哪里，哪些方面可以（并且你也愿意）削减，以及你愿意在这个收入水平维持多久。你肯定不希望负债，所以需要确认一个可以维持基本生活方式的现实数字。

大家可以用应用程序来监控你的支出，留意你的财务状况。你可以记录你的账单信息、目前的债务情况以及银行存款，从而获得一个完整财务状况概览。这样你就可以使用软件来了解每月需要多少钱才能维持日常生活。

第十三步：处理你现在的工作

确保你的行动计划里，一定要包括如何从现在的工作转移到新工作中去。当你开始新工作时，你会继续做你原来的工作吗？你将何时与你的雇主提起这个话题，又如何对他说明？一定要留下一个好的印象，并且专业地处理完手头剩下的事情。这样你才能维系这些关系。

第十四步：保持行动的积极性

当迈出舒适区的时候，感到恐惧是很自然的。你只需要去思考、规划、磨合。纸上谈兵只会止步不前，还会害得你胡思乱想。

专注的行为会让你前进。每天不知道该怎么办的时候，不管三七二十一，先做点什么。在通往你梦想的道路上前进一小步，采取一个小行动，你就会离自己的目标更进一步。

这十四步操作带来的积极结果是你有了目标感。你感觉能够控制自己的生活，并朝着更有意义的方向前进。事实上，朝着梦想努力本身有时和好的结果一样令人满意。格雷格·约翰逊（Greg Johnson），《有目的生活：成功和有意义人生的指南》（*Living Life on Purpose: A Guide to Creating a Life of Success and Significance*）一书的作者曾说道："专注于旅程，而不是目的地。快乐不在于结束一项任务，而在于行动的过程。"

我们大部分的精神痛苦来自于生活中的不确定导致的失控感。一旦你开始采取行动，找到你的激情所在，你就会发现自己的思维越来越清晰，内心越来越平静。

这下你已经学会了许多方法，可以用来改变你的消极思维模式，减少那些对你来说不重要的事情对你生活的影响。在下一节中，我们将讨论一些人际关系对你的心理健康产生的负面影响，以及如何处理它们。

第三部分
整理你的人际关系

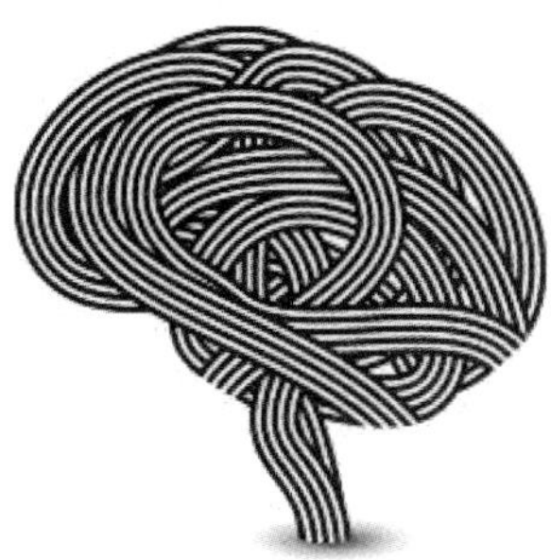

如何改善人际关系

你感觉你的孩子要把你逼疯了，你的父母太穷，你的老板是个垃圾，你的配偶不理解你，你最好的朋友从来不给你打电话。

愤怒、沮丧、狂躁，你感受到这些情绪的频率高吗？

这个问题的答案至关重要，因为人际关系问题是人们生活中不快乐的主要原因。

我们在脑内不断重复那些不愉快的对话，或因为一个轻蔑的眼神闷闷不乐几个小时，又或者因远离朋友和爱人而感到孤单、寂寞、不被关爱。这些都让我们感到不开心。

我们常常在心理编造一些虚假的有关他人的描述，并把这些不一定真实的想法和行为强行贴成他人的标签，尽管这会让我们感到非常痛苦。

当然，在与他人相处的时候，人不可能完全没有误解。然而，如果你发现大多数的交流让你感到筋疲力尽，那么恐怕是交流的过程中出现了什么问题。此时你应该寻找改善这些关系的方法，或者将某些人从你的生活中请出去。

想象一下，如果去除掉那些因为人际关系导致的烦恼，你的思想负担会减轻多少？你又能节省多少能量，来更加有效率、更积极地做事情呢？

虽然我们生活中重要的人是精神痛苦的根源，但亲密关系仍然是生活中的一个重要组成部分，它有助于长期的幸福，所以我们要更加关注它。

良好的人际关系会让人幸福吗？

哈佛成人发展研究（Harvard Study of Adult Development）是关于幸福历时最长的研究之一，以前被称为社会适应调查（The Grant Study in Social Adjustments）。从1937年以来，哈佛的研究人员一直在研究什么会让我们感到幸福。他们追踪了268个在20世纪30年代后期进入大学的被试。研究员们观察着这些被试的人生，看着他们经历战争、奋斗事业、经历婚姻、离婚、成为父母和祖父母，最终迈入老年。

精神病学家、哈佛医学院教授罗伯特·瓦尔丁格（Robert Waldinger）近期主持这项研究，他表明这项长期研究的结果是明确的：“亲密关系与社交会让你健康而快乐。这是基础。太过于关注成就或不太关心人际关系的人都不怎么快乐。基本上来说，人类就是建立在人脉关系上的。”

人际关系是怎么做到让我们开心的同时又让我们感到精神压力的呢？关键在于拥有高质量的关系而不仅仅是单纯的有关系。无论是拥有一个浪漫的伴侣或者一个知心的朋友，还是互相关爱的家庭成员，甚至是聊得来的同事，高质量的关系都会涉及以下几点：

- 优先级很高
- 沟通顺畅
- 有健康的冲突处理方式
- 相互信任和尊重
- 共同的兴趣
- 某种程度上的亲密行为（情感上的或理智层面的）

• 接纳与宽容

• 身体接触（个人关系上）

我们最感兴趣的是，如何积极主动地选择我们生活中的人，以及如何与他们交往。创造、维持和培养良好的人际关系对于我们心灵的安宁与幸福来说是非常必要的。

与其指望让别人来改变你们之间关系，不如从自己开始做起。最好的起点就是你自己。即使是你的家庭成员、朋友或生意伙伴缺乏情商而需要提高人际关系技巧，你也仍然可以通过改变自己去适应他们，来减少生活中的压力。不论怎么说，你不能改变别人，你能做到的只有控制你自己，改变与他人互动的方式。让我们来看看改善你的人际关系的四种策略，它们可以对你的心态产生直接的积极影响。

改善人际关系策略一：活在当下

北卡罗来纳大学的一项关于“相对幸福、不痛苦的夫妇”的研究表明，那些积极练习正念的夫妻感受到了关系的改善和幸福感的提升。同时他们也有着较少的关系压力和整体压力，应对压力时 效能感也更强。正念的练习能够让我们享受和伴侣在一起的时光，使我们更少情绪化地处理问题，也让我们能更快地消除亲密关系中带来的压力。

这项研究不仅仅只使用于亲密关系，你也可以在任何关系中练习正念。

如何做到在人际关系中，活在当下？你可以试试以下几种方法：

学会共情地倾听

你有没有发现，有些人在对话的时候，并不仔细听别人在讲些什么？

对许多人来说，关注别人在说什么是很难的。因为我们的脑海里充斥着各种各样的想法。通常来说，在别人讲话的时候，我们更关注的是那些和我们的生活、烦恼相关的部分，或者我们通常都在想着接下来自己要说些什么。

同理心倾听（empathic listening），或称主动倾听（active listening），是一种摆脱你脑中纷扰的思绪，不带评判地去倾听他人的意愿。同理心是这一过程的重点，这能让说话的一方感到安全、肯定、被理解。

同理心倾听不是传统意义上对话的一部分。它没有取舍、分享和竞争。同理心倾听是关于另一个人的，是去倾听他们想说什么，没说什么，情绪里包含什么。

作为一个有同理心的倾听者，我们必须要愿意做到以下几点：

- 允许他人来主导对话，并且决定讨论的话题。
- 对他人说的话，要保持百分之百的专注。
- 避免打断对方，即使你有重要的事情想要追加说明。

• 问一些能让对方更多开口的问题。

• 避免过早得出结论或提供解决方案。

• 可以如实地重复他曾说的话，以确认他是否表达的是这个意思。

乍一看，同理心倾听是只会给倾诉的人带来好处。但其实作为倾听者，你可以学习保持一种集中意识的状态。当你在做同理心倾听时，你的精神非常集中，所以那些困扰或后悔来使你分心的可能性也就消失了。

你可以和你的同伴、家庭成员或亲近的朋友一起练习同理心倾听，在你们交流的时候，找十分钟保证你只会积极认真地倾听对方在说些什么。这会让你与你所爱的人更加亲近，同时也能让你从纷扰的思绪中摆脱出来。

用心说话

消极思维会对你的人际关系质量产生破坏性的影响。如果你的语言充满了可怕的评论、自我谴责、对他人的贬损或对自我的怜悯，没什么比这些更能说明你是一个消极的人了。

反过来说，当你专注于积极的互动时，你的人际关系也会更紧密。约翰·戈特曼（John Gottman）通过研究发现，为了使婚姻生活稳定并能够维持幸福，积极的互动应该比消极的互动多出五倍以上。这项研究也可以应用于其他的人际关系。总而言之，冲突和消极总是会让朋友远离自己，所以要学会用积极替换消极。

意识永远是改变的第一步。我们建议你在谈话的过程中，密切注意你所说的话，特别是在爱情关系中。在你的思想和话语之间放置一个心理过滤器，你需要充分认识到，你的每一句话对你生命中最重要的人，都有着巨大的影响力。

你要控制自己，不要简单直接地对别人的话或行为做出反应。花点时间来仔细斟酌你要说些什么，说话的方式需要包含爱意、同理心和尊重。你可以试着用一种平静的、没有威胁的语调说话，即使对方是在生气或者激动的情况下，也会产生很大的正面影响。

当你用心说话，你周围的人也常会这样回应。即使他们没有，你也能让自己保持自制，获得内心的平静。通过用心说话，你不仅提高了你的人际关系质量，而且提高了你内心世界的质量。

爱的冥想

爱的冥想重点在于培养温柔待人的技巧。你可以用爱的冥想来改善和你生活中某人的关系，以减少对他们的负面印象。

这种冥想建立了我们对他人的认识。人类是值得同情和被爱的，即使他们现在很难相处。这种友爱的观念能够减少冲突，提升自己的幸福感。有三项研究都支持这一主张。

首先，来自斯坦福大学的科学家发现，爱的冥想可以增强人们的社会联系感。

此外，根据犹他大学的一项研究，练习爱的冥想“降低了人们对他人产生敌意、忽视、抵触和嘲笑的总体水平”，这种特殊的冥想练习不仅改善了你的亲密关系，而且能够改善你和你自己的关系。

最后，在一项具有里程碑意义的研究中，研究人员发现，练习七周爱的冥想，会增强人们关于爱、快乐、满足、感激、自豪、希望、兴趣、娱乐和敬畏的感觉。

你可以在任何地方练习爱的冥想，你首先需要在一个安静的地方进行 10 分钟的冥想，不要分心。

下面我们来分享一套简单的步骤，帮你养成这个习惯：

• 保持一个舒服的坐姿，可以是在地板上，双腿交叉，双手放松地放在你的腿上；也可以端坐在椅子上，双腿不要交叉，双脚放在地板上，双手放在膝盖上。

• 闭上双眼，进行两到三次深呼吸，然后跟着每次吸气吐气，开始计数，从 1 数到 10。

• 当你放松下来后，将你的意识转移到一个你想要表达爱意的人身上，想象他们的积极品质，你在他们身上所看到的善良之光。

• 在你想象他们的优点几分钟后，在脑海里对你想表达爱意的人说下面几句话："希望你能够开心。""希望你能变好。""希望你能够被爱。"根据个人情况稍微改变一些语句也是没问题的，没有什么严格的硬性标准。你也可以用你想象中的人的名字来替换语句里的"你"。

你还可以在脑海里对他说这些话：

愿你远离内在和外在的伤害和危险。

愿你安全，能够被保护。

愿你没有精神上的痛苦和压力。

愿你没有身体上的痛苦。

愿你能够健康强壮。

愿你能够快乐地和安宁地活在这个世界上。

这种冥想不仅会改善你的人际关系，而且会使你的情绪健康、内心平静。当然，个人如何应用这种方法，最终还是取决于你自己。但你为了内心平静的努力始终会留在你的心里。

停止抱怨他人

“不用因那些我们不曾拥有的天赋而痛苦，因为我们仍可以选择在能力范围的领域里做到最好。”

——B. J. 理查森（B.J. Richardson）

拿我们不擅长的方面和其他人比较，是让人感到痛苦的一个主要原因。

- “要是我能像我的朋友那样迷人就好了。”
- “为什么我不能像我哥哥那样聪明？”
- “他们的财产比我们多太多了。”
- “她一直在旅行，而我却从来没有去任何地方。”

这些消极的想法可能会失控，让我们在觉得自己不够好的同时，把其他人当作使我们不快乐的原因。总是和他人去比较成就、财产、性格，并从中感到挫败和痛苦，变得对他人充满敌意，那些潜在的对比让我们受益匪浅的人际关系就是这样被我们提前瓦解的。

在身为作家、创业者的生涯中，斯蒂夫和巴里清楚地感受到，人是多么容易倾向于与那些取得了更多成就的人去作比较。“我不断地和我同阶层的人做对比，”巴里说：“这让我不能集中精力工作，使我感到自己既无能又充满嫉妒。直到我重新审视自我，意识到我应该去走自己的路，而这条路不需要与周围其他人相同。”

比较所带来的负面情绪不仅仅会破坏你内心的平静，还会破坏你的人际关系。你越和他人比较，就越会觉得“自己无能，他人不好”。比较带来的羡慕、嫉妒、羞愧、内疚、尴尬、自卑、怨恨、愤怒，这些都不是能够让你变得在人际关系中更吸引他人的特质。

格雷琴•鲁宾（Gretchen Rubin），纽约时报畅销书《快乐计划》（*The Happiness Project*）的作者说过：“消极情绪，比如孤独、嫉妒、内疚，它们在幸福生活中扮演着极其重要的角色。就像巨大的不停闪烁的警示灯，当它们开始闪烁，这就是在告诉我们有什么东西需要开始改变了。”

我们都会时不时地拿他人和自己比较。有时候比较的行为能激励我们去提高自己，学习那些我们在别人身上观察到的优点。但如果那些“巨大的不停闪烁的警示灯”亮起来了，这说明是时候要采取一些不一样的行动了。

改变比较的习惯，摆脱比较所带来的不良情绪，这是需要付出一定程度上的精神努力的。但当你能够改变对待那些更优秀的人的态度时，你将能更容易地走自己的路，变成那个你本应该成为的更好的人。

以下这三个简单的小练习，可以帮助你改变常与他人比较的习惯。

练习一：彻底的自我接纳

不论你怎么比较、烦躁、思考，都不会改变此时此刻的你自己。你是谁，你的长相，你的成就，你所拥有的一切，就是你此刻所拥有的一切，或至少是今天为止所拥有的一切。

与其抗拒，不如拥抱自己，接纳自己，并告诉自己，此刻的你其实是你能做到的最好的你。当你能够做到彻底的自我接纳，这一瞬间，你获得的是解放与对自我的掌控。

练习二：改变你所能改变的

拥抱宁静、勇气与智慧，你将会收获强有力的工具，帮助你用现实主义来对抗你那不切实际的期待和沮丧。

拿你自己和你钦佩的人做对比，可能会激励你变得更好。但有时候，不论你多么努力，你都不可能达到某些特定的人所达到的成就。你或许永远也不会像你的模特朋友那么好看，或者像你那个百万富翁的亲戚一样有钱。这样的对比只会徒增烦恼。

与其渴求那些你不会拥有的东西，不如通过你内在的智慧来筛选你的决定。你能改变什么？你想改变什么？回顾你的价值观和优先级，来帮助你确定你自己的生活主题。而不是去参考那些和你有着不同价值观、优先级的人的生活，把自己变得和他们一样。

也许时不时地，你仍然会渴望那些你无法拥有的东西。但你可以选择在你拥有的方面做到最好，来转移你的注意力。关注你的强项，持续地去练习自我接纳，你将会拥有更好的人生。

练习三：表达你的感激之情

比较蒙蔽了我们的双眼，让我们看不到我们所拥有的一切。我们太过于关注他人所拥有而我们所没有的事物，我们忽视了身边值得感激的一切。

其实这就是一个简单的选择问题，当杯子里有半杯水的时候，去感激地看待“杯子里还有半杯水”，而不是认为“杯子里只剩半杯水”了。

当你早上醒来，在从床上爬起来之前，在你的脑海里将你生活中美好的事情列成一张清单。集中精力地去想象每一件美好的事情，每件事情想一到两分钟。睡觉前也这样做一遍。

你可以通过写感恩日记，来强化感激之情。一天结束的时候，在脑内回顾当天发生的一切积极的事情，并把它们记录下来。花一点时间想象，如果失去了爱人、房子、健康或其他类似的事物，你的生活会变成什么样子。当你想象令你幸福的一切将被夺走，你会很明确地发现自己此刻拥有多少幸福。

改善人际关系策略二：放下过去的痛苦回忆

本书的前半部分，我们讨论过拘泥于过去所带来的精神负荷。当你聚焦于自己的过去，你可能会注意到，你的许多想法都和你当下生活中的人有关。

你总是重复地回想那段令你不快或感伤的对话；你总是想着那段破裂的关系或失去的爱情；你总是会对许多人表现出思念或伤感，比如你那长大成人后离家独立的孩子，你那离开你去了远方的朋友，或你那不再有联系的兄弟姐妹。

或许你所经历的人际关系上的疼痛是如此深刻，以至于你内心的伤口从来没有能够痊愈。这伤痛继续干扰着你的生活、干扰你的思想。回想这些记忆，总会触发那些未能彻底解决的愤怒、羞愧、恐惧和悲伤。

人际关系对我们来说太过重要，所以那些已经是过去时的人和感情仍会以周、月甚至年为单位来伤害我们，这一点也不奇怪。你无数次在脑内重复播放那些回忆片段，以至于自己都开始认同它们了。紧抓住过去不放让你背负着沉重的精神包袱，它让你的能量枯竭，让你内在的平静消耗殆尽。

有时候我们无意识地“回放”过去的情景，试图来解决那些没能解决的问题，可这种回放总让我们陷在过去无法自拔，让我们在此时此刻感到痛苦。究竟怎么做，我们才能摆脱过去那些囚禁我们的思想和不应该再出现在我们生活中的人呢?

《当下的力量》（*The Power of Now*）的作者埃克哈特·托利（Eckhart Tolle）说过：“打个比方，我们可以通过‘扇动翅膀’来改掉保存旧情绪的坏习惯。停止回想那些过去的事情，不管它们发生在昨天还是三十年前。我们要学会让那些情境和事件不再在脑海里活跃，我们能够将精力集中到原始的、永恒的当下，而不是在脑海里不断地放映过去的纪录片。”

然而，说起来容易做起来难。放下痛苦的回忆，将它们从脑海中抹去，这非常非常困难。

虽然困难，但也并非不可能。

如果你想让自己享受积极而美好的生活、友爱而充满关怀的人际关系，那么这就值得你付出努力。如果你想和家人朋友享受当下时光，就不能总是想着过去的失败关系和随之产生的伤痛。

下面这些方法，可以帮助你应对过去带来的消极观念。

解决你能够解决的问题

如果你和他人之间还有未能解决的问题和伤痛，那么你需要采取行动去应对它。与其因为过去的问题感到焦虑，不如开始一段彻底的沟通，即使你感到自己是被“冤枉”的。接触过去曾伤害过你的人，这确实需要很大的勇气。但要知道，这样做的痛苦远远低于过去带给你的疼痛。如果你能够忍受过去对你持续不断的伤害，又何必惧怕这一点点困难呢？

不过愤怒和伤痛总是会让我们昏了头，使我们很难和他人展开谈话。多学习一些健康的交流方式，将帮助我们更有效地与他人交谈。

我们可以和他人分享自己的感受以及创伤，倾听他人的观点，请求他人原谅，然后畅想未来你们之间的关系何去何从，这将有效地促进这段关系的健康发展。就让我们通过开放地谈论过去的经历，来解除内心中属于过去的诅咒。

并不是任何时候我们都能和他人有效地进行交流，但一旦这种对话能够成立，它将成为释放你过去痛苦与回忆的最佳方法。

重新审视过去

当你的脑内一遍又一遍地回放某一情境时，你的观点将慢慢成为你心中最终的真实。这时，从其他角度观察这个情境将变得非常困难。

你觉得你对一段关系的记忆和观点是百分之百正确的，可对他人来说，情况可能是完全不一样的。

有时候站在他人的角度思考是非常重要的，你可以通过回答下面这些问题来试着挑战自己的观点：

- 他人会怎么看待你们之间发生的事情？
- 你是否曾说过或做过什么会导致他人误解的事情？
- 你的记忆是否可能出错了？
- 对方的观点是否有道理？
- 事情是否有可能并非是如你所相信的那样？

当你能够和他人产生共鸣，你记忆中的痛苦与愤怒的色彩将会淡化。通过挑战你的观点和记忆，你将有机会用一种更加积极的态度来重新审视当时的情况。

主动原谅

过去的那个人可能从未向你道过歉，但无论如何，先原谅他。你不必亲自出面去向他们表达你的原谅，你只需要让你的内心与大脑接受这种原谅。

紧紧抓住愤怒和痛苦不放，只会让痛苦和愤怒延长。原谅将让你从痛苦中解放出来，让你可以清楚明白地生活在当下。

畅销书作家韦恩·戴尔（Wayne Dyer）博士说：“原

谅对于个人精神的成长是非常重要的，你那过去被他人伤害的经历，虽然令你痛苦，但也只不过是一种伴随着你的记忆或感情。这些愤恨是一种慢性且令人感到虚弱的负能量，如果你允许它们继续在你的大脑中占据一席之地，你将慢慢地丧失自信心。而如果你放开它们，你将拥有更多的内心平静。”

原谅别人并不意味着你必须和他们和解，原谅他人其实也是放过自己，希望你能够放下愤怒与怨恨，让这些负面情绪不能进一步毒害你。原谅是很难的，尤其是当那些冒犯了别人的人并不愿意为自己的行为负责的时候。但如果你意识到这些人的所作所为其实已经是他们的人际交往能力所能达到的极限时，你便不会那么难受了。当你发觉自己总在回想他们过去对你的冒犯时，你应该将自己的思绪从他们身上转移回你自己身上。不责怪他人，单纯地只去认识自己的感受，问问你自己：“我从这段经历中学到了什么？我能够怎样利用这段经历来提升自己？”

戴尔（Dyer）博士说：“你的生活就像一场有着好几幕的戏剧，其中有些角色戏份多，有些戏份少。有些演恶棍，有些演好人。但他们都很重要，不然就不会在戏剧中登场了。让我们接受他们，然后让下一幕开演。”

主动原谅还需要你原谅自己，原谅那些你曾在和他人相处时说过的话与做过的事情。诚实地面对你过去做过的可能伤害或冒犯过他人的行为吧。这时的你可能会不由自主地找出许多借口来解释自己当时为何会那样做，使自己的行为合理化，但如果你当时的行为真的出了差错，你必须学会接受它，并且原谅曾做出这种行为的自己。

当你转变了关于过去的错误看法，原谅自己将变得更简单。与其用过去的错误打击你自己，不如诚实地面对自己的行为，把它看作一种值得感恩的经历。它是你现在之所以是你的原因之一，你应该从中学习。然后你就能继续前进，明确自己是谁、想成为什么样的人以及如何去应对一切。

改善人际关系策略三：同伴侣一起练习正念

前面讲的两种策略可以应用于你生活中的任意一种人际关系。但你的亲密爱情关系却与众不同，需要被特别关注。

有你的配偶或情侣的帮助，你将有机会获得极大的情感上的个人成长，尤其是当你认为你的伴侣能够在你的生命中教会你一些重要的东西的时候。通过这段关系，你将学会如何变得更加具有同理心，更能够享受当下。

讽刺的是，爱情关系往往会给我们带来最大的挑战，它带来大量的杂念和痛苦。在爱情关系中，练习正念将帮助你强化你的亲密关系，同时减少你生活中的压力和焦虑。

正念专家及医学名誉教授乔·卡巴金（Jon Kabat-Zinn）形容正念是“有意识地集中于当下，同时排除评判的想法”。

当你愤怒并想猛捶你的伴侣的时候，你可能会觉得静下心来练习正念根本就不可能。但只要你愿意坚持，正念将会增强你对你们共同经历的觉察，让你有更多的余力去决定如何对他们的行为做出反应。

如果你能够避免直接情绪化地对你的伴侣的行为做出反应，你将感到更加集中、平静，感觉自己能够用一种充满爱的方式解决问题。这种能力将帮助你节省那些经年累月消耗掉的情绪能量。

“正念并不是说要否定或埋藏我们的情绪，”心理学家丽莎·费尔斯通（Lisa Firestone）发表在《今日心理学》（*Psychology Today*）的一篇文章中这样说道，“正念只是帮助我们，让我们和我们的情感、经验培养一种与众不同的关系。在这种关系中，我们将能坐在驾驶席上。我们能像观察站台上通过的火车一般观察我们的情感与思想，也能决定是否要上情感这辆车。”

“决定是否上车”是有意识关系的开端，这种关系带来了更多的治愈与亲密，控制着不和与分歧。下面有一些具体的行动可以帮助你更好地在婚姻与爱情关系当中保持活在当下。

做出承诺

正念会提高你和伴侣之间的关系质量，带着这种信念，对自己做出承诺：我一定会每天都进行正念练习，并养成习惯。

如果多年来你一直都是以一种条件反射的方式来处理你和你伴侣之间的关系，你可能会需要多花一些时间来改变你和他人互动的方式。但只要你能够主动地在这段关系中成长，减少你生活中的压力，你一定能够成功改变的。

这是你生命中最为重要的关系，它不仅会影响你的精神健康，还会影响你对事物的看法。保证坚持练习正念，你将会看到你生活中的方方面面都得到了提升。

在你每天清晨醒来能第一眼看到的地方，贴一张便签，写下提醒自己的话，让自己记得和伴侣交流的时候，要注意就事论事。一开始练习的时候容易忘记，你可能需要多在房间里的不同地方放几张便签来帮助你想起。

传达你的决心

你虽然想要有意识地与伴侣相处，但你的伴侣并没有和你做同样的承诺。可这么做确实会带来好处，所以你可以找一个不会被打扰的时间，与你的伴侣一起坐下来，让他或她知道你的新计划。你可以这样开始你们的交谈："我决定在我与你的关系中，试着变得更善解人意、就事论事。我想这样会让我们更加亲密，处理我们之间的差异时，也能用一种没有愤怒和伤害的方式和平地解决。我已经下定决心这样做了，如果你也决心这样做，我会感到很开心。"

你的伴侣可能会疑惑，不知道你到底是什么意思。应对这种情况，我们可以利用这章接下来要讲的几种练习，帮助对方理解。

有感情地陪伴

有感情地陪伴意味着在对话中，与你的伴侣充分保持协调。如果你的伴侣感到痛苦，你需要做的是接纳他的痛苦，并表达你的共情。你需要注意你伴侣的肢体语言，并对他做出回应，用眼神接触、肢体接触以及时不时地点头，来表示你正在认真倾听他的表达。

在你的伴侣提出需求前，你并不需要主动提供解决问题的方法。往往在我们希望为伴侣“提供更多帮助”的时候，那些本可以自然流露的情感共鸣就会被阻断。协调的表现将使你的伴侣不再感到孤独。情感的共鸣会让你和伴侣的关系更加亲密，你们会感受到更多的信任与安全。

不带防御的倾听

当你和你的伴侣发生冲突，情绪激动将要吵架的时候，记住，做到不带防御地倾听。注意你应对冲突时自然而然所产生的反应，给这些情绪命名，并意识到它们已经被触发了。但这个时候不要让这些情绪随意地发泄，尝试把你的注意力重新集中于你伴侣说的话上。记住，你伴侣的感受和你的同样重要。

回应你的伴侣

当你回应伴侣的强烈意愿，能够让对方感到你是在积极地倾听。这会加强你伴侣的良性感受，认为你足够为他着想，是真的希望完全了解他，这样他也就更愿意向你倾诉。

然而回应并不是说简单地重复你伴侣所说过的话。通过回应，你可以确认你所理解的是否是你伴侣想要表达的意思，比如总结你所听到的内容，并向对方询问这是否是对方所希望传达的。这种确认能帮助你们展开话题，并让你们能够共同就问题的解决方式进行讨论，保证彼此理解。

在解决冲突、伤害或误解时，这是一种非常有价值的正念技巧。

真诚地交流

就事论事是一种成熟的人际关系技巧，你不能孩子气地对一切进行最直接的回应，比如对伴侣说一些对抗性的话，做一些类似于翻白眼、沉默、生闷气的消极行为，因为发脾气总会阻断那些开放的、真实的沟通，让我们不能有效地解决问题。

当你和你的伴侣之间产生了问题的时候，在想要贬低和伤害对方之前，回到正念的练习上去。关注你的情绪，等到你冷静下来，不那么带刺儿的时候，再开始你们的对话。

坦诚地面对你们之间产生的问题，没有责备，无须批判。告诉对方你对这个问题所抱持的观点，你的感受是什么样的，你需要你的伴侣做些什么来修复这段关系。倾听你伴侣的回答，注意不要带有防御机制。

从冲突中学习

之前提到，如果你能够小心地处理，你的爱情关系将成为个人成长的实验室。冲突虽然是令人不快的，但它为学习提供了绝佳的机会。

与其咀嚼冲突后带来的苦涩愤怒，不如问问自己以下几个问题：

- 有没有一种可能，那就是我并非完全正确？
- 伴侣的观点，某种程度上是否是对的？

- 在亲密关系中，我是否是那个我想成为的我？
- 我从这段冲突中学习到了什么？
- 隐藏在我反应背后的更深层次的问题是什么？
- 受伤的感觉是如何阻碍我的成长的？
- 通过这次交流，我希望如何改变？

对这些问题的回答将治愈你的创伤，并提升你对自我的认识。让你能够摆脱让你烦躁不安的内心“评论家”，获得内心的平静。

与你的伴侣共度珍贵时光

与你的伴侣共度珍贵时光，是你能够做到的促进你们之间关系的最有意义的事情。在这段时间里，你们将感到轻松自在，不受工作压力的困扰，没有孩子捣乱，也没有冲突。

忙碌的夫妇需要好好地去计划这一段时间，生活那么忙，要求那么多，时时刻刻都有事情可能需要你去处理。如果这就是你的写照，一定要安排一个固定的时间，即使只有 30 分钟也没关系，要确保每天能够留一些时间安静地和你的伴侣聊天沟通。

你和伴侣越亲密，你们的关系就越远离冲突与痛苦。这种努力是对你心灵平静的投资。

改善人际关系策略四：离开让你痛苦的人

整理你的人际关系，有时候意味着放开那些让你痛苦的人。有时候，唯一应该采取的行动就是向那些持续破坏你精神稳定和情绪健康的人说再见。

放弃一段关系是那么痛苦，即使这段关系正在耗尽你的精力，阻碍你的前进，让你失去真实的自我，甚至更坏的情况下，让你受到了身体上的虐待，你都会为失去它而感到痛苦。因为我们为友情、爱情、工作伙伴、家庭成员，投入了太多太多的东西。

讽刺的是，常常是那些陪伴了我们多年的深刻的亲密关系，会给我们带来最大痛苦和混乱。

在这些关系中，有时候我们会达到一个临界点，此时痛苦和困难超越了这段关系所带来的积极面，仿佛放手所带来的疼痛甚至并没有比维持关系所带来的痛苦更多。

让我们通过一个例子来解释这个问题。斯蒂夫一生中做过的最难的事情之一，就是和前女友彻底断绝联系。在经历了非常让人沮丧的一年后，他觉得自己真的没有办法再让她停留在自己的生活里了，即使只是单纯作为一个朋友。他们的互动实在太多伤害了，他们无法从彼此身上获得任何快乐。

他做了一个决定，“强迫”自己和前女友永久分开。因此他去了欧洲，花了八个月的时间去旅行，不带手机也不给自己接触手机的机会。虽然这很有挑战性，但斯蒂夫知道，继续前进的唯一办法就是“彻底断交”，让他们两人几乎不可能再进行任何对话。

现在，你不需要为了逃避一段糟糕的关系而离开你的国家，但是你可能需要考虑采取积极的行动来让一些人离开你的生活，同时你要确保自己坚持执行这个计划。

我们承认做出这个最终的抉择并非一件容易的事情。但是，在任何一种关系中普遍会有一些不和谐的问题，告诉你是时候说再见了。这些问题包括：

- 言语、情感或身体上的虐待
- 持续的不诚实、不忠诚或欺骗
- 核心价值观的分歧、诚信问题
- 总是互相伤害、充满消极、不能相容
- 总是不负责任
- 持续的不成熟表现以及情感控制
- 未解决或未治疗的精神问题
- 成瘾（毒品、酒精、性、赌博、色情）
- 拒绝沟通，拒绝解决问题，拒绝在关系中付出努力

除了这些严重的情况之外，有时在一段关系正常发展的过程中，你可能会发现，出于某些你也搞不明白的原因，其他人仿佛在缩短你的生命，而不是让它更愉悦。你可能会达到一个临界点，让你觉得既不想处理那些杂念，也不想处理他人所造成的混乱。

如果给你这种感受的人恰好是你的配偶、父母及家庭成员、又或是你的成年子女，那么你将不可能做到全身而退去放弃这段感情。但你可以更好地管理这些关系，通过建立强大的界限、与相关的人沟通你的底线，来保护自己的精神健康。你可以在巴里的博客“大胆生活并绽放”

(Live Bold and Bloom)中了解更多关于建立界限的方式。

当然，不管是经营一段关系，还是彻底放手不管，都不是能迅速解决的问题。你可能需要花费数月甚至数年时间，心痛地与那些曾在你生活中十分重要的人们分离。但如果我们没有提到另一种帮助你解决精神杂念的选项，那就是我们的失职了。

下面是一些关于如何摆脱痛苦关系的方法。

放手或许会更好

放手一段感情可能会让你觉得自己容易放弃、不友善。如果你离开这个人，你可能会感到内疚。但是如果这种关系给你带来了规律性的不适，继续忍受就是对自己的不尊重了。

如果你仍然犹豫不决，不知道自己是该结束还是继续这段关系，你可以静下心来想象一下当你身边的这个人离开之后，你会有什么感觉。你感到释然、自由？焦虑和压力不像从前那般严重了吗？

问一问你自己，如果你不需要再处理与这个人之间的问题与矛盾，你的生活将会以什么样的方式变得更好？你的判断可能会被内疚感与责任感所蒙蔽，但你仍需要试着去诚实地衡量放手的积极性。

预想结束关系的后果

没有什么关系可以毫无波澜地结束。你的决定将会影响到和你亲近的人，迫使他们选择自己的立场，或至少选择支持哪一方，即使这种支持可能并不是你所喜欢的。甚至最后，有些人会彻底断绝和你的联系。

那些离开你的人可能会试图毁了你、在背后诋毁你、用各种方式伤害你。他们的反应可能比你预期中更具戏剧性与破坏性，而且这种行为会一直持续，直到他们感觉好些了、不那么难受了。你会发现失去这段感情比你想象中更痛苦，这会让你再次怀疑自己的选择。

所以说在结束一段关系之前，提前预想可能会发生的各种情况是非常有价值的。这些情景让你感觉如何？你觉得自己是否有自信应对一切后果？又或者你发觉舍弃这段让你耗尽精力的感情反而比维持它更具有破坏性？这些都是你必须要去考虑的。

明确“再见”的真正含义

放手可能意味着一段没有任何交流或互动的关系的永久结束。但并不是所有的关系都会这样完结。再见也可能意味着放弃与这个人相处的旧方式，用一种新的、更自我保护的方式来替代之前相处的模式。

与家庭成员、成年子女或前配偶的关系往往不可能彻底断绝。但是你可以在与这些人相处、交谈时建立界限，保护你精神和情绪的健康。

明确地给“再见”下一个定义。你愿意和这个人花多长时间相处？你想要如何和他交流，多久交流一次？在与他们的交往中，你将不再容忍什么？对做决定采取积极主动的态度，会让你感觉到更有控制感、更平静、更知道自己该如何前进。

不带有责备地传达你的意图

简单而决绝地和朋友亲人断绝关系，拒绝解释和交谈，可能是一个比较容易的选择，但这并不是最体贴的选择。是的，这个人可能耗尽了你身上的最后一点能量和快乐，但他们仍然应该知道为什么。

你不需要为了说再见而陷入旷日持久的冲突，也不需要拒绝沟通。你不需要去推卸责任，也不用对对方恶意中伤。采取积极的行动，想象一下假如你是对方，你会想听到些什么？

一般而言，面对面交谈在这种情况下是最好的。但你最了解对方，如果你预想到了许多戏剧性的结果，知道对方会非常生气，那么比起见面，信件和电话可能会是更好的选择。不管最后采用了哪种方式，记得尽量保持过程简短，专注于自己的感受而不是对方的缺点。

你可以参考下面这种表达方式："我需要从我们的友谊当中离开休息一下。我觉得我们步调不一致，并且这让我感到痛苦。我在乎你，但我需要离开。而我不想一声不吭地就离你而去。"

预想对方可能产生的消极反应

不管你如何友好地结束一段关系，对方（或许还有那些与你们二人都有关联的人）仍可能会做出不好的反应。

很难预料人在受到伤害或生气时会做出什么反应。

预先准备好应对这种潜在的影响。这可能意味着你需要一个能够支持你的人，在传达你的意图时，还有结束这段令人感到困难的谈话之后，都能够给予你支持。

你也许需要亲自和那些与你们二人都有联系的朋友亲人谈谈你关于结束这段关系的计划。如果可能，在解释的过程中不要说其他人的坏话。

取决于你结束的关系的深度与长度，你可能还需要一些心理治疗的帮助，来让你控制好对失去的痛苦情绪。

接受这个漫长的过程

对于某些关系来说，放手是慢慢地后退。伴随着和解，指向一个永恒的结局。

有时，内疚、困惑、孤独会让你怀疑自己的选择是否正确。你需要反复去确认这段关系，来巩固你结束它的决心。

你要知道，和曾经的至亲至爱诀别，是很难不产生痛苦的。但如果这对你来说是最好的路，给自己点时间，允许自己慢慢地去完成它。

允许自己感到悲伤

亲密关系的结束是令人痛苦的。是的，你可能会感到宽慰，因为你不再需要去处理这段关系中的困难。你可能拥有更多的情绪能量、更少的挫败沮丧。然而，悲伤却会在我们最意想不到的时候悄悄向我们袭来。任何关系的结束，都会造成大量的创伤，而这些创伤需要时间来治愈。

不要试图说服自己不要悲伤，也不要因为你的悲伤而感到困惑，反而去怀疑你的决定。如果你把悲伤视为放手过程中正常的一部分，它会更快地过去，让你重新获得心灵的平静，重拾那些在不良关系中被削弱的喜悦。

正如你所看到的，从生活中剔除某个人是非常具有挑战性的，但这绝对也是值得的，因为它可以让你把时间花在与真正重要的人的相处上。

在下一个章节，我们将总结你可以整理的四个领域，来帮你减少生活中压力、焦虑、重负感。

让我们开始吧！

第四部分

整理你生活的环境

为什么要整理生活环境

“如果人们都集中注意力做对自己来说真正重要的事情，钓竿就会短缺。”

——道格·拉森（Doug Larson）

你决定怎么度过每一天，最终决定了你的生活质量。我们都知道这个结论，但很多人还是没法去好好地思考自己每天都在做些什么。

实际上，我们倾向于让偶发事件、空闲时间或其他人来浪费属于我们的人生。我们只对面前发生的事情做反应，而不是自主地去决定在生活中创造些什么。

早先，我们谈论过关于确定你自己的价值观、优先级、目标、爱好等问题。这些做法都会帮助你指明每天应该做些什么。但是你不能每一天都只盯着这些重点。因为大部分时间里，你都会被各种机械的任务所纠缠，它们会让你感到不知所措、内心空虚、精神错乱。

我们依附于生活用品、日常工作、生活环境。我们允许自己的家变成为每一个心血来潮的念头买单的大仓库，年复一年，我们积攒了越来越多的东西。我们为科技着迷，花费大量的时间经营社交媒体，自拍并分享，将生活中的每一个细枝末节记录成档。

所以，为了彻底地从整理思绪中获益，你需要去关注那些平凡却潜藏着机会的方面。机械的行为就像心灵堤坝上的破洞，会让你的能力与快乐悄悄地流走。好在只需要几个简单的改变，你就能填补内心的空洞，让它重新充实起来。

本章节，我们将教你最后一步来整理你周围的环境，让你的精神空间能够释放出来，去做你想做的事，陪伴你想陪伴的人。

简化你的家

“你的家里没有什么是你觉得没用的或不漂亮的。”

——威廉·莫里斯（William Morris）

你的家应该是个天堂，在这里你感到安宁快乐又平静。但如果你的家充满了乱七八糟的杂物，你真的能感到安宁和平静吗？

普林斯顿大学神经科学研究所的研究员在《神经系统科学杂志》（*The Journal of Neuroscience*）上发表了一篇与有条理的生活方式直接相关的研究，这篇名为《人类视觉皮层自上而下与自下而上机制的相互作用》（*Interactions of Top-Down and Bottom-Up Mechanisms in Human Visual*

Cortex）的研究表明：

大量刺激同时出现在视野范围内，通过视觉皮质上的互相抑制来争夺着神经表征，为视觉系统有限的处理能力提供神经关联。

换句话说，当你身处的环境充满杂物，视觉混乱将会制约你的专注能力。杂乱的环境也会限制你大脑处理信息的能力。杂物会干扰你，你就不能像在干净、整洁、有条理的环境里一样处理信息了。

现在，让我们想象自己身处在一个房间内，这个房间里放置了生活所需要的最低限度的家具，没有杂物，没有多余的摆饰。房间整洁、有条理，而且非常小。

想象自己正坐在这个房间里，观察自己的感受。

接下来，想象自己身处在另一个房间，这个房间里有很多家具，书和杂志随意地堆积在桌子上，任何一个能放东西的平面上都堆满了东西。

坐在这个房间里的你又有什么感受呢？

杂物分散你的注意力，让你感到不知所措、心烦意乱、烦躁不安。你的大脑忙于处理所有这些视觉刺激，以至于你不能完全地享受当下。

此刻，扔掉家里的东西可能会让你感到伤感，但我们希望你能改变对于杂物的观点，它们真的很影响你的精神健康。扔东西可能会是一个反复的过程，直到你能够释怀地和那些宝贝们说再见。但只要你开始行动，你一定会惊讶于它给你带来的积极影响。

斯蒂夫和巴里在他们的书《10分钟整理：轻松简化你的家》中讲解了如何整理你的家，在这本书中，你可以找到一些具体的方法，来合理规划你的每一个房间。

整理房间所花费的时间远比你想象中少，只要你每天花一点点时间来处理，你会发现这完全不会产生压力。每天留出十分钟来处理你的杂物，要不了几周，你的房间就会变得整洁有序。

下面这十步，可以帮助你开始行动：

1. 设置一个集中区域

你将会需要一个区域放置所有你想要留下或扔掉的东西。你可以空出一个房间，或找一块空地，然后把你的东西都放在这里，直到你准备好去处理它们。你也许想要在每个房间都留出这样一块区域，而不是把它们都集中在一起。这样也完全可以，只要你不介意每个房间的角落都堆着一堆东西。

2. 在集中区域准备一些箱子

你需要准备一些尺寸不同的箱子，来分类你的东西。比如哪些是你要捐赠的，哪些是要送人的，哪些是打算卖掉的，又有哪些是要收起来的。一开始你只需要用一些廉价的硬纸板箱储存它们。等你分好类，你就可以买一些更贵的收纳盒来收纳那些你想留着的东西。

3. 在手边准备计时器、笔记本和笔

因为你要固定收拾十分钟，那么你会需要一个计时器提醒你什么时候停止。我想你一定会惊讶于十分钟居然可以干如此多的事情。同时，在你整理的时候准备一个笔记本和一支笔，这样你就可以记录你在这个过程中产生的关于储存、捐赠、贩卖的点子，也能安排自己去买一些有利

于整理的必需品。

4. 做一个时间表

为每天做整理的这十分钟安排时间，意味着你将要养成一个新的习惯，而这可能会有一些难度。你可以用一些小诀窍来保证自己不会轻易放弃，比如你可以选择一个固定的时间来养成你整理的习惯，这个时间段一定要放在一个你已经养成的习惯之后，比如早上喝完咖啡或刷完牙之后。这种联系会提醒你去整理，在你完成整理之后，记得奖励一下自己。

5. 在你度过最多时间的地方开始你的整理行动

如果你因为不知道从哪里开始你的整理行动而困扰，那我们建议你从你度过最多时间的地方开始。对大多数人来说，这个地方会是厨房、卧室、家庭活动室。当你整理完所有你常用的房间，你将会感到极度的满足，同时感到自己充满了力量和宁静。

6. 决定整理的顺序

为了让你每天都能顺利地完成10分钟的整理，你可以考虑按方向从上到下、从左到右地整理。举个例子，比如你要收拾厨房，先从顶部的柜橱开始，然后再整理左边的架子，接着整理右边。把左边架子上的东西都挪开，然后快速地把你想放回架子上的东西分出来。把架子擦干净，然后把刚刚分出来的东西搁回去。剩下的东西放在一个合适的盒子里，你可以把它们扔掉、卖掉、捐赠掉，或者收在其他地方。抽屉也是一样的，把东西都倒出来、分类、擦拭、放回，最后把需要另外储存的东西收在盒子里。

7. 切忌优柔寡断

许多人都会觉得整理很困难，因为他们无法决定手头这件东西是丢是留。会有许许多多的原因让你犹豫不决，但你需要去对抗这些犹豫，这样你才能成功地进行整理。

这也是为什么我们建议你只把那些确信要保留的东西放回你整理好的空间里。扔掉那些你确定不需要的东西。至于那些有些犹豫要不要扔掉的很少用到的东西，放在收纳盒里之后处理。给箱子贴上标签，密封起来，然后放进储藏室里。

8. 快速地收拾

你是否也感觉到在收拾整理的时候，自己特别容易分心？你捡起一件东西，观察它，突然大脑带你回想关于它的一切，使你为不知道如何处理它而发愁。所以给自己定一个十分钟的期限，你就能给自己营造一种紧迫感。

因为你要在很短的时间内完成整理的任务，只留那些确认要用的东西就十分重要了。你可以之后再去处理那些还有疑问的东西。你甚至可能会发现，没有这些东西，自己依然过得很好。

9. 告知你的家人

确保让那些和你住在一个屋檐下的人们知道你正在完成整理房间的计划。最好能请求他们的帮助，来加快整理完成的速度。最少也要确保他们不会在你整理完之后又打乱你的战斗成果。如果你有孩子，让他们加入你的10分钟整理行动是最好不过的了，相信他们一定会喜欢和你竞速的感觉。

10. 享受这个过程

即使是极小的成功，也能带来极大的满足感和自豪感。每一天的努力，都会让你的家变得更简洁、整齐。但与其把这个日常任务看作达到整齐目的的手段，不如试着去享受每个短暂的十分钟时光。当你完成了任务，给自己一个美好的报酬，比如喝一杯茶、读一会儿书、散一会儿步。

玛丽•孔多（Marie Kondo），《整理是改变生活的魔法》（*The Life-Changing Magic of Tidying Up*）一书的作者曾经说过："我们居住的空间，应该是为未来的我们而准备，而不是为了已经过去的自己。"

如果你对自己的过去有着强烈的依恋，不论是精神层面还是物质层面，你都会让自己痛苦。让它过去吧。扔掉那些给你压力的身外物，让你的注意力集中于当下的日常，你就会感到自由而无拘无束。

简化你的电子产品

技术和数字通信的迅速发展的确带来了许多好处。信息技术确实让我们的生活变得更容易、更快捷、更有效率。但是，随着我们对数字设备的投入增加，回报却在逐渐减少。

我们变得沉迷于科技，而科技则影响着我们生活的方方面面。我们变成了那些原本应该简化我们生活的小玩意儿的奴隶，比起现实生活中的互动与经验，我们更喜欢那些快而短的信息和低质量的娱乐。

我们花大量的时间浏览社交媒体，电脑收件箱总是满的，桌面上放满了文件，笔记本里有大量文档、照片、下载文件，它们吸食着我们的生命。

数字“杂物”会以一种你难以察觉的方式占据你的时间，让你做一些没用的事情，就像你房间里的那些真实存在的杂物一样，它们都会让你感到焦虑和压力。

在《10 分钟数字整理：消除过量信息的简单习惯》里，巴里和斯蒂夫提到：

如果你每天花很多的时间在数码设备上，那么虚拟世界恐怕比你的配偶、孩子、朋友与你更亲近。你知道生活的平衡出了一些问题，发现自己一旦有空闲时间，就会翻开笔记本的盖子，要不然就盯着你的手机。有时候甚至在并不空闲的时候，仍会这样。这真的是你想要的生活吗?

在这本书中，我们提供了几种方法，帮助你来养成精神层面的整理习惯。

你是怎么用电子产品的?

真实地观察自己是怎么在数码设备上花费时间的。当然，你的生活中有许多方面都需要上网来支持。除此之外，你是否花了许多时间上网、玩游戏、浏览社交网站呢?

花一点时间回顾一下你的一天，把那些做不必要事情的时间加起来。最好能记录你一整天使用数码设备的情况。你会惊讶于你在虚拟体验中花费了多少时间。

这些虚拟的刺激会让你感到兴奋，它们还有成瘾的效果，把你拖离那些可以充实自己而不是耗尽能量的有意义的爱好。

那么如何才能回到正轨？

每天抽出神圣而自由的一小时，让自己不受数字时代的侵扰。关掉你的电脑，把手机扔进抽屉里，如果不沉溺于数字的消遣，你能做些什么？

我们建议你：

- 看一本书
- 长距离地散步
- 锻炼身体
- 与朋友交谈
- 与配偶和子女共度美好时光
- 做一些有创造力的东西，比如写作或画画
- 学习一个新的技能
- 冥想
- 听音乐
- 骑自行车

• 完成一项工作

做一些切实的、当下的、积极的事情，这样既能够避免沉溺于虚拟的数字世界，也能避免因在无意义的事情上花费太多时间而感到内疚和焦虑。

你的网络空间有多杂乱？

数字杂物不像你房间里的杂物一样能客观地被看见，它悄悄地找上你，在你意识到之前，你的桌面上就充满了各种图标，你的收件箱充满了邮件，你的文档塞在各个角落，以至于你不得不依靠查询软件来找到自己想找到的东西。

如果你和我们一样，生活全拴在电脑上，这听起来似乎挺不可思议，但如果你把所有重要的个人文件和工作文档都放在电脑里，你就知道它对你的生活有多么重要了。

电脑很容易成为数码仓库，你应该试着去找到那些浪费你时间、让你感到沮丧焦虑的文档和文件。

手机是另一个“迷你电脑”，你会把它放在口袋或包里随身携带。这也是另一个储藏“数码杂物”的地方，过量的应用、照片、新闻、游戏都会让你沉迷。

如果你的数码设备已经像这样“撑爆了”，你开始感到有负担，那么每天花十分钟整理这些杂物，你会开始感到轻松和自由。

我们建议从你能获得最大收益的部分开始，如果你每天都因为找不到文件而沮丧，那么就从整理文件开始；如果你每天都因为邮箱里的数千封邮件而心悸，那么就从处理邮件开始。关键是一定要开始行动。

你的数字化思维模式是什么？

众所周知，电子设备，或更准确地说是里面的内容，给你带来了大量精神压力，让你的精神持续兴奋。没人愿意承认这一点，但我们都无法否认，数字世界对我们生活的影响在当今是多么普遍。

数码产品的兴起并不是会随时间而消失的流行产品。它将会一直存续，并且随着时代的发展，与我们生活的联系也将越发地紧密。如何应对数字时代的干扰，如何应对它对我们精神健康的影响，都取决于你的行动。无论如何，主动地在数字时代做出符合自己准则的选择，是非常重要的。

通过建立关于数字时代的“价值系统”，来管理你的时间和杂念，被认为是非常有效的。你可以问自己下面几个问题，来帮助你树立自己的准则：

• 我每天因工作花费在电子设备上的时间，有多少是绝对必要的？

• 我的工作要求我待在电脑前的时间是否超出了我的期望？

• 我如何能更频繁地与工作伙伴面对面交流？

• 我希望花费多少时间用自家的电脑工作？

• 我想花多长时间查看社交媒体（以娱乐为目的）？

• 我想玩多长时间的手机？

• 什么情境下，电话交流与面谈要比短信交流更合适？

• 我忽视了和谁的友谊，又想如何重新培养这段友谊？

• 在与家人和朋友共处时，使用手机、平板电脑、笔记本电脑的时候，我们应该达成什么样的共识？

• 在哪些特定场合或家庭时间（比如一起吃晚饭）里，你希望杜绝电子设备的出现？

• 对孩子使用电子设备，应该设定什么限制或规则？

• 在这些规则面前，我们应该如何为孩子们树立榜样？

• 如果我的电脑死机了，利用这段时间的最好的五种方法是什么？

• 我该如何应对想要上网和浏览社交媒体的强烈冲动？

• 我要如何保证处理这些数字垃圾，避免它们失控？

根据你对这些问题的答案，写下你关于减少在电子设备上花费时间的承诺和准则。无论这期间失败多少次，你都需要重新站起来！

简化你的行为

“不要低估了‘无所事事’的价值，就那么走走，倾听那些你听不到的声音，无忧无虑，这就很有意义了。”

——小熊维尼

这是你第多少次用“我太忙了，生活实在太疯狂了”来回答“最近怎样”这个问题？你最后一次听到“生活很棒，我真的很放松，什么都没做”这样的回答，又是什么时候？

每个人都在忙碌着，不停地工作、工作再工作。

但这又是为了什么？

为什么我们要填满我们的日程表，仿佛这样我们就会加快速度工作，好能够腾出时间去享受那些永不会到来的闲暇？

如果我们的时间里没有“增加收入”或“自我成长”的“富有成效”的活动，我们就会感到内疚。就在我们不断地研究节省时间的技术、工具与设备的同时，什么都不做却会给我们带来失败的感觉。我们得到的时间很快就被榨干了，因为我们要花时间去平息无所事事所带来的焦虑感。

根据《经济学人》（*The Economist*，伦敦经济学人报纸有限公司出版的杂志）2014 年发表的一篇文章所述：“伊利诺伊大学的社会心理学家哈里·特里安迪斯（Harry Triandis）解释道，个人主义文化强调成就，从而助长了时间就是金钱的思维模式。这使得人们产生了一种每一分钟都是钱的紧迫感。”

你是否发现自己就像无头苍蝇一样，无意识地确认着自己要去做的事项，因为这让你感到有意义有价值?

有时候，日程表安排了我们的生活，以至于我们没时间去思考太多。我们并没有关注自己是否把时间和精力花费在了那些会导致压力与杂念的事情上。我们被任务和义务所困，很少有时间能去做那些当下的、令我们充分投入的事情。

杜克大学伊斯兰研究中心主任奥米德·萨菲（Omid Safi）在为克里斯塔·蒂皮特的栏目“与克里斯塔·蒂皮特讨论存在”（On Being with Krista Tippet）所写的文章中提到：

那个能让我们坐下来和至爱的人慢慢展开话题，谈论自己的身心状况，享受充满想象力的停顿与沉默的世界，到底怎么了？

我们怎么会创造出现在这个越来越忙的世界？有越来越多的事情要去完成，而用来休闲、思考、交流甚至是存在的时间却越来越少？

毫无疑问，我们很难从繁忙的陷阱中挣脱出来。我们已经被洗脑了，认为“懒惰是万恶之源”。当然我们并不是说努力工作、提高效率、积极生活是坏事。相反，这么做将会带给你满足而幸福的生活。但这里却有一个收益递减的转折点，超过这个点就会产生相反的效果，让你感到精疲力竭、不知所措。

减少并消除不必要的活动，开始的时候会让你感到不舒服，甚至是恐惧。你会胡思乱想，如果我不再这样做了，人们会怎么想？我会失去收入吗？我会显得很懒惰吗？我的孩子会落在别人之后吗？我的世界会分崩离析吗？

减少不必要活动的第一步，是要去认可减少不必要活动的价值，你要认识到忙碌会导致精神错乱，而做的更少也可能获得更多。

下面这八个策略可以用来简化你的日程表，让你从那些真正重要的事情上获得乐趣。

策略一：优先做需要优先做的事情

比起在你的时间表里抽空去做那些需要优先完成的事情，腾出时间来优先完成它们则是一种更好的选择。举个例子，对你来说，和爱人孩子共度时光是第一要务，那么，你要承诺自己每天都要花时间陪伴他们。如果预先没有其他理由，就不能让这段时间被侵犯。

每当你的优先事项要为其他“真的重要”的事情让道时，深呼吸并好好想想，这件“真的重要”的事情，真的比你的优先事项还要优先吗？

策略二：清除你的任务

把接下来一周属于你个人的和工作上的任务都写下来，如果你知道整月的任务，就把整月的写下来。查看你刚刚写下的清单，看看有没有哪个不会导致严重后果的任务可以删除掉，然后再查看一遍列表，看看还有什么任务可以委派给他人、推迟完成或者缩短执行时间的。

如果你因为内疚感、义务感或不安感而留下了某些任务，试着放手不管看看会发生些什么。你可能会发现自己感到更自由，而那些你担忧害怕会发生的后果并没有发生。

策略三：每天集中完成三个任务

与其每天对着做不完的任务清单发愁，不如试试每天只集中完成三个任务。允许自己少做，但一定要精耕细作，一定要更用心、更专注。

如果每天的三个目标任务已经完成，你当然可以选择去着手完成更多的任务。只要有了三个目标任务，你就会产生控制感。按计划完成任务将使你感到平静而满足，你会充满成就感，而不是像之前面对一堆任务那样紧张而不知所措。

策略四：创造“神圣”时刻

给你自己留一段可以什么事都不做的时间。可以坐在扶手椅里，看看窗外的景色，或到外面走走，听听鸟儿鸣啼。你不需要冥想、深呼吸、做计划、思考或是“做”任何事情。一切顺其自然。

每天可以留出多个时段来体验这段“神圣”的时光，每次五分钟。最终你会发觉花一个小时甚至一天来“无所事事”，是多么令人舒适而惬意。

策略五：重新检查你的孩子的时间表

今天的父母不像他们的上一辈那样，允许孩子度过没有被安排的自由时间。孩子们忙于各种各样、花样繁多的课外活动以及被安排好的聚会时光。再加上繁重的家庭作业和虚拟世界的诱惑，我们很怀疑孩子是否还有时间去做一些更有意义的事情，比如玩一些有创造性的游戏，和家人共度时光，或者单纯地独自一人沉浸于想象。

孩子，尤其是小孩子，需要大量的自由时间，来满足他们情绪与精神健康发展的需求。和成年人一样，孩子们也会在压力中感到焦虑与沮丧。

多萝西·斯拉斯（Dorothy Sluss），詹姆斯·麦迪逊大学的小学及学前教育（elementary and early childhood education）副教授、国际儿童游戏权利协会（International Play Association）美国分会主席表示，孩子们每完成一周紧凑的课外活动或户外野营，就需要三周不那么紧张的时间来缓解压力。

父母也会因孩子过分紧凑的时间表而痛苦。花几个小时把孩子从一个课外班送到另一个课外班，是非常让人疲惫的。给多个孩子计划不同的活动，会严重地消耗你的精神能量。希望孩子能在儿童棒球赛中出彩，然后跟着啦啦队到处旅行，都只会增加你的焦虑和精神压力。

我们很难下定决心去减少孩子的课外活动，尤其是在那些崇尚竞争的文化当中，即使是最小的孩子，也不能输在起跑线上。但如果你能在过量的安排与完全的闲散之前找到一个平衡点，那么这对你和你的孩子来说都会有极大的帮助。

策略六：按时下班

根据《洛杉矶时报》（*Los Angeles Times*，美国西部最大的对开日报）最近的一篇文章表明："在工业化国家中，美国人投入在工作上的时间是第二多的，仅次于韩国人。与欧洲人相比，我们更少花时间去度假。在过去的几年里，大家都能看到，我们的工作量增加了一倍，而工资却还是原来的水平。"

文章接着说道："大量的研究表明，那些在工作中花费过多时间的人，无论是出于自己的选择还是出于工作方的要求，他们的效率都变得低下。仅有很少的例外，这些人耗尽了精力，也失去了创造力。"

如果你的工作时间超过了正常工作要求，或者你因为工作而牺牲了自己的生活时间，那么你可能需要重新评估下你的工作。假如你是像巴里和斯蒂夫这样的创业者，主要在家里工作，那么这一点就变得尤为重要。

如果你没有做好工作与休假、人际关系、放松之间的平衡，即使你对自己的工作充满热情，压力也会造成情绪健康方面的问题。

如果你工作的时间过长，那就一周花一天时间，逐渐地去缩短它。首先按时下班。如果你是在家里工作的，下午五点就把电脑关掉，并保证这一晚都不再碰它。

策略七：来一段“数字假期”

之前我们已经讨论过，过量的数字活动会导致精神兴奋。即使我们不主动使用智能手机或笔记本电脑，它们也总是在我们附近徘徊，要求我们检查工作，浏览脸谱上的新信息，又或是引诱我们去玩最新的游戏。

尽管我们的父母辈也被许许多多事情所吸引，但他们却并不像我们一样，在浴室里也要玩手机。现在走在大街上，越来越难找到那些耳边手边没拿着手机的人了。

考虑这个问题让你觉得无法呼吸，但如果你想要让自己头脑清晰，那么时不时地来一段“数字假期”，将会是很有效的。这段时间里，你要断绝你接触电子产品的途径，拿走你的手机，拿走你的电脑，拿走任意能让你与互联网接触的设备。

找一整天或是一个周末，或考虑把你的年假拿来做这次“戒网行动”。你和真正的人一起，在真正的世界里，做真正的事情，享受真正的休闲。如果在这之后你感到轻松了，压力减轻了，那么在你的日程表里，把这个活动安排为一个常规活动。

策略八：利用心流与专注

米哈里·契克森米哈（Mihaly Csikszentmihalyi）是匈牙利心理学家，研究幸福感、创造力、人类满足感方面的先驱，“心流（flow）”概念的创始人。心流这一术语被用来指代一种体验状态，具体表现为在艺术、游戏、工作等方面（但不仅限于这几方面）的专注感与沉浸感。他也是畅销书《心流：最优体验心理学》（*Flow: The Psychology of Optimal Experience*）的作者。

契克森米哈把心流定义为：“一种绝对投入的状态，以至于其他事情都变得无关紧要；这种经验实在太过愉悦，即使花费巨大的成本，人们仍一心只想着去单纯地体验它。”

在“心流”状态下，人们完全沉浸在参与的活动中，尤其是那些涉及创造力的活动。在这项活动中，他们感到“强大、警觉，能够毫不费力地控制自己，不需要在意他人眼光，感觉自己达到了能力的巅峰”。他们非常专注，不会分心。

独自一人放松，或与家人和朋友一起度过的休闲时光，是消除精神杂念的良药。但这和心流状态下的体验完全不是一个等级的。心流状态可以等同于一种冥想状态，在此期间，你和你做的事情合为一体，你的行动轻松自如，不需要付出努力。你的意识会完全沉浸在当下的活动里，以至于你几乎丢了魂儿，忘了自己到底是谁。据契克森米哈所说，心流状态是“最佳体验”，我们能从中感受到最棒的幸福与满足。

他找出了达到心流状态的几个要素，包括：

- 每一步都有明确的目标。
- 每一个行为都有即时的反馈。
- 挑战性与熟练之间有一定的平衡。

- 行为和意识合二为一。
- 令人分心的事物无法进入意识。
- 不担心会失败。
- 自我意识消失。
- 时间感变得不再重要。
- 行为本身变成了目的。

你可以通过尝试下面的行为，来达到心流状态。

寻找一个挑战

选一个你喜欢的有一定挑战的活动。你可以选择任何活动，无论是拉小提琴、写书，还是练习瑜伽、打高尔夫，甚至单纯地专注于工作。如果这项活动有明确的步骤或明确的目标就更好了，因为这样你就可以自己行动，而不需要去问应该做什么、怎么做。

培养你的技能

为了迎接挑战，你必须提高自己的技能，让你自己变成一个专家。如果活动太简单，你很快就会觉得无聊，你的思想会抛锚，阻止你达到心流状态。然而如果它太难了，你将倍感压力，无法进入到心流所必需的潜意识状态。

设定明确的目标

你必须非常清楚自己想通过这项活动达成些什么，也需要知道什么样才算达成了。举个例子，你也许会说："我要写一个章节的书。如果我能够清楚地表达这章要讲述的内容，概述我想要表达的关键点，研究我需要阐述的事实，知道我该如何组织这些材料，那么我就成功了。"

专注于手头的工作

为了保持心流状态，你需要消除所有会干扰你的因素。你不会希望任何事情把你的注意力从手头的任务上转移走，破坏你沉浸的状态。因为一旦你的注意力被打破了，你就必须重建心流状态。

留出足够的时间

你至少需要 15 分钟才能进入心流状态，然后还要再过一段时间，你才能感到自己完全沉浸在手头的工作中。一旦你进入了心流状态，你会希望自己能有足够的时间来完成你的目标并达到“高峰体验”。

监控你的情绪状态

如果你无法进入心流状态，那么观察你的情绪。如果你处于焦虑状态，试着做些能让自己平静下来的练习，比如深呼吸或冥想。如果你的精力很差，整个人无精打采，那么去做一些能让自己振奋的事情，比如锻炼身体，吃健康的零食，或给朋友打电话。这之后回到你刚才在做的事情上，再试一遍。

当你高度沉浸于心流状态，你是完全处于当下的。此时你的大脑最不容易被杂念所侵扰。

当你开始胡思乱想或激动不安时，你就可以试试做几次深呼吸，然后开始30分钟到1小时左右的心流活动。给自己足够的时间，让自己沉浸在活动中，你会发现这会对你产生镇静的作用，并帮助你变得更有效率，更加快乐。

简化你的日常工作

“拖延就像一张信用卡：你会从中获得许多快乐，直到你拿到账单。”

——克里斯托弗·帕克（Christopher Parker）

我们都会拖延，但拖延带来的困扰却是最具有攻击性的。当有事情悬而未决，你永远都不能感受到安稳与放松，因为这件事总会找你的麻烦。

在这个充满了干扰的时代，我们的拖延比以往任何时候都严重。电话响了，我们就去查看；邮件提示音响了，我们就去点击。我们的电脑上有各种各样的标签页和窗口，引诱我们的意识离开手头的工作。

每一个令人分心的事物都像一个盗贼，偷走了我们做事的决心和完成目标的渴望。我们开始找借口，以便之后、明天或此刻尽快完成手头的工作，只为了多看一会儿别人刚刚在脸书上发布的状态。

分心孕育了拖延，但拖延也是恐惧的结果：你害怕失败或害怕成功，所以你拖延。巨大的“如果”出现在你和你想要采取的行动之间。尽管这些恐惧大多是没有根据的，但我们还是会被它们从手头的任务中拉出来。

我们还会因为惧怕困难而拖延。因为我们不想消耗必要脑力和体力去开始任务。就像你可能也经历过的，起步的过程是最困难的。只要你开始了，动力就会带着你前进，但如果你一直拖延，你永远不可能搭上动力的便车。

拖延不仅浪费了我们达成目标的宝贵时间和动力，还浪费了我们的能量和动机。我们越在重要的事情上拖延，对自己的感觉就越糟。我们感觉越糟，就越没有动力去做该做的工作。我们越没有动力，就越会无意识地分心拖延。这将是一个糟糕的恶性循环，让你陷入自我责难与焦虑之中。

克服拖延症的第一步，是承认它对你的精神状态造成了严重的负面影响。

让我们仔细想想，你可能每天都会花至少一小时来拖延，一周就是 7 小时，几乎是一整个工作日了。所以每年你会因为拖延浪费 52 个工作日。而有了这 52 个工作日，你都能多做些什么呢？

你可以：

• 写一本书

• 开始创业

• 开始写博客

• 回到校园

• 改善或建立新的人际关系

• 学一门新的语言

• 做完几个大的工作项目

如果这些成果说服了你，让你知道了克服拖延症的重要性，那么我们推荐去完成以下的日常行为，来帮助你在工作日完成更多的工作：

1. 提前做计划

在睡觉前或早上睁眼后的第一时间，确定你这一天当中最重要的任务是什么。然后确认第二和第三重要的任务又是什么。把这些任务和你工作、事业中重要的事情关联起来，这些事可以督促你前进，让你赚更多的钱、获得更多的机会。它们并不应该是盲目的任务，或只为了完成而完成。你要主动去找寻它们的意义，心甘情愿地去完成它们。

2. 确认为什么要做

在开始你最重要的任务之前，问问自己它为什么重要。做这个任务的积极动机是什么？它对你有什么益处？当你完成之后会有什么感觉？

弄清楚你要做这件事的原因，将会帮助你在疲惫和分心的时候继续坚持。你可以把你的原因写下来放在旁边，以便需要的时候用来提醒自己。

3. 分解任务

把最重要的任务分解为子任务，写下为了完成它们所需要采取的行动。将完成任务所涉及的每一个行动都写下来，并列出轻重缓急。然后估计每个子任务要花费的时间，把它写下来。

4. 安排你的时间表

一天当中你感到最有效率、最有创造力是什么时候？对巴里来说，一天中的第一件事情将是最容易被完成的，因为此时她的大脑经过了充分的休息而充满了能量。然而对你来说，你最有效率的时间可能是午后。调整子任务的优先级，来最大化利用你有效率的时间。

5. 准备你需要的东西

确保准备完全后，再开始坐下工作。把你的咖啡、水或茶放在桌上。准备一些健康的小点心，比如杏仁、香蕉、胡萝卜。这可以让你的胃感觉不那么空。确保灯光是你想要的强度，你的桌子是整洁的。

6. 重复这个过程

如果你最重要的任务只需要几个小时，那么按上面的步骤开始第二个任务。如果第二个任务也完成了，就按步骤去完成第三个任务。

7. 消除干扰

消除干扰对维持专注来说是非常重要的。巴里读大学的时候，她会去她的“学习衣橱”里学习。这个“学习衣橱”是一个衣橱大小的房间，里面只有一张桌子和一个台灯。如果她需要很认真地对待某个项目，或是要准备考试，只要是她不希望被打扰也不想拖延的时候，她就会去这个房间里学习。

找一个你可以不被打扰的地方开始你的工作。关掉你的手机，关闭电脑上所有的浏览器，关掉电子设备的声音，这样你就不会被邮件的提示音所打扰。在你的门上贴上“请勿打扰”牌子，然后开始工作吧。

8. 以正念开始

在你开始做一天中最重要的任务的第一个子任务之前，闭上眼睛，完成几次深呼吸，然后做好高效完成任务的准备。想象你自己已经完成了目标，想象完成任务后你的感受。但请不要把这段时间当作拖延的另一个借口。单纯做 1~2 分钟的心理准备，然后开始工作。

9. 设定计时器

如果你很难集中注意力，设定一个 20~30 分钟的计时器（如果你真的很难集中注意力的话，也可以更短）。在计时的这段时间里，努力认真工作，当计时结束后，给自己一个短暂的休息。拉伸一下、出去走走、闭上眼睛或者做其他任何可以让人恢复活力的事情。尽量不要利用这段时间查看邮件、打电话或者做任何会降低你效率的事情。

斯蒂夫用番茄时间管理法（Pomodoro Technique）来创造一种极致的专注。首先集中精力做一件事，25 分钟后休息 5 分钟，然后开始下一个 25 分钟的工作。这个方法有时候很累人，但却帮助他在那些最重要的任务上集中注意力。

10. 安排长时间休息

在三个最重要的任务之间，安排 15 分钟到 1 小时左右的休息时间，用这些时间来给自己充电。你可以做一些运动或练习冥想，也可以和其他人进行没有压力的对话，来帮助你恢复精神。

11. 奖励自己

在你完成任务后，奖励自己一段休息，或允许自己短暂地查看一下手机、邮件或社交媒体（10~15 分钟为宜）。做其他让你觉得有意义、有动力的事情也是可以的。

12. 安排时间做机械性的工作

除了每天要完成的三个最重要的任务外，你肯定还有一些机械性的任务需要去处理。如果每天你必须先去检查邮件，那就允许自己用一小段时间去处理它们（10~15 分钟为宜）。

设定一个计时器，即使你并没有完全看完邮件，到时间也要停止，转移到你最重要的任务上去。你可以晚一点再去接着查看那些邮件，比如等你完成最重要的任务后。其他机械任务，比如简单的文书工作、组织工作或其他并不需要费太多脑力的工作，都可以放在你一天中不那么有效率的时间去做。

简化你的基本生活

“恭敬地、缓慢地喝茶，就好像它是地球的轴一样，慢慢地、匀速地，而不要向着未来狂奔；活在当下，只有这一刻，才是生活。”

——释一行禅师（thích Nhat Hanh）

如果你一直处于之前聊过的心流状态，时间仿佛消失了，你只专注于眼前的活动，那情况将会是怎么样的呢？也许这会是一种幸福的、变革性的生活状态，但你可能会因此忘记吃饭、还账、洗澡，这也是不现实的。

现实生活要求你在这个有组织的社会中处理那些平凡但又必要的工作。它们是我们为了享受真正的生活而需要努力“完成”的任务。不论什么任务，都是为了你自己。

除非你是洞穴居民，或者住在寺院里，否则这些“现实生活”的义务需要花费你大量的时间和精力去处理。即使你能减少这些任务的数量，你也无法在不造成严重后果的情况下彻底逃离。

然而如果是为了消除杂念，过上更快乐的生活，逃离义务还真不是必要的。假如你对自己做的每一件事情都保持正念，无论它是不愉快的、无趣的还是中性的事物，那情况将会怎样呢？

就像释一行禅师建议的一样，与其一边喝着茶一边思考你今天要做的事情，不如改变你的观点，在喝茶的时候把喝茶看作是世界上唯一重要的事情。这个转变适用于你所能做的一切，不论是洗盘子还是清理猫砂盒。

也许你不想享受清理猫砂盒的过程，但活在当下应该是一种值得你去追求的状态，不论你此刻在做的是什么。

是否任何时候都能活在当下呢？不尽然。但你可以试试。如果你能更用心地生活，你就会发现，你所追求的快乐与平静，其实就在你的身边。

下面让我们学习以下五种方法，帮助你将正念带入日常生活中，让你即使是在最平凡的活动里，也能享受当下。

1. 认真吃饭

很久以前，人们会花费好几个小时来准备食物。所有人会在一天的中午放下手头的工作，坐在一起吃一顿叫作“正餐（dinner）”的大餐。后来，这顿“正餐”移到了晚上，变成了晚餐，但它仍然是人们聚在一起分享美食、谈天说地的重要时刻。

随着科技的进步，人们开始需要同时处理许多不同的任务，快餐的发展，使吃在忙碌的生活面前让步。如今，吃变成了为应付繁重工作而补充能量的任务。我们不仅忽视了家庭聚餐的仪式感，也忘记了吃饭所能带来的那种单纯的乐趣。

虽然我们不会像祖母一样有大量的时间为做饭做准备，但我们可以更认真地吃一顿饭。也就是说不要在电视、电脑前吃饭，和你的家人坐在一起，找一个安静的、没有人会打扰的地方，平静地享受美食。

下面分享一些享受美食的观点：

• 在你开动前，观察食物，注意它的色泽、气味和食材。

• 闭上眼睛，吸入食物的香气。

• 观察你饥饿的感觉和想要开吃的冲动。

- 当你咬第一口的时候，注意味觉与感觉的第一反应。

- 当你开始咀嚼时，注意味道是怎么改变，怎么扩散的。

- 细嚼慢咽，在脑海里对准备这顿饭菜的人表达感谢。

- 继续吃，然后观察你那被充分满足了食欲后的胃是什么感受。

- 注意吃饱了的感觉，当吃饱了就停下来。不要为了光盘而勉强自己多吃。

- 吃完后，坐一会儿，消消食儿。

- 饭后，认真地清洗餐具，然后把它们收起来。

仔细地吃饭，不仅能让你享受吃的经历，还能帮助你更好地消化和吸收。研究表明，细嚼慢咽会提升饱腹感，减少卡路里的摄入。

2. 认真收拾屋子

释一行禅师曾说，他洗碗的时候，就像是给新生的佛陀洗澡那样认真仔细："如果我不能快乐地洗碗，只想着快点洗完好去喝茶，那么我就不能快乐地喝茶。"

与其把整理房间当作是整理思绪的一种手段，不如把注意力集中于整理本身上。整理不会奇迹般地变成一种快乐的体验，但当你把注意力集中在整理带来的整洁与优雅上，你就会感到非常快乐。试着把整理当作研究活在当下、享受生活的方法的实验室。

这种观念的转变也将适用于任何日常工作：洗车、修剪草坪甚至是支付账单。你可以带着恐惧与怨恨来完成这些工作，也可以全神贯注地投入其中，怀着感恩之心，相信自己一定可以完成它们，相信它们会提升自己的生活水平。无论是多么微不足道的小事，都值得你花费时间。

3. 认真散步

就如同巴里在她的书《正念的平静》（*Peace of Mindfulness*）中所说的那样："去散步，认真聆听脚踏在地面上的声音，倾听环绕着你的大自然的声音。细细品味映入你眼中的风景，感受气温或冷或热，还有那令人舒适的户外的气息。"

无论你在哪里散步，不论是在户外还是室内，不论你的目的地是哪里，注意沿途的风景。你不需要着急看到结果。就让散步成为你的目的吧。

4. 认真体验大自然

大量研究表明，接触自然有益于身心健康。在森林和绿地中徜徉，可以给你带来如下好处：

- 增强免疫系统
- 降低血压
- 减少压力
- 改善心情
- 提高注意力
- 加速疾病或手术的恢复
- 提高你的精力水平
- 改善你的睡眠

在大自然中散步，或只是单纯地在森林里静坐，你就能够体验到上述的各种好处。如果你用心接近大自然，你将获得更多益处，尤其是在有关压力、情绪、注意力等方面，会有更好的改善。

当你身处大自然，试着去动用你所有的感官，彻底地沉浸在你周围的环境中。

听，鸟儿的叫声，树叶从树上缓缓飘落，水流轻轻敲击着河床的石头。

看，阳光穿过叶片间隙投射出斑斑阴影，可爱的野花点缀在森林的绒毯上，头顶盘旋着身姿矫健的鹰。

嗅，腐烂的叶子裹着泥土的清香，金银花的香气弥漫在山野上，最近的一场雨还残留着芬芳。

在户外大自然的体验是如此有力量并让人心旷神怡，它应该成为你练习整理思绪的一部分。

5. 认真锻炼

锻炼的好处恐怕用一本书都说不完，除了身体上显而易见的变化，你的精神状况也会从中获益。锻炼会给你带来一些深层次的、心理层面的益处。

波士顿大学心理学教授迈克尔·奥托（Michael Otto）在为美国心理协会发表的一篇文章中说道："运动和情绪之间的联系是非常强烈的。通常在适度运动 5 分钟后，你的情绪状况就会有所改善。”

这篇文章还提到，研究证实，运动可以治疗甚至可能预防焦虑和抑郁，而这两者都是精神错乱、注意力涣散、过度沉思可能会导致的问题。

即使有大量证据表明，锻炼可以使你更健康、快乐，但大多数人还是像躲避瘟疫一样逃避锻炼。锻炼感觉像个苦差事，对有些人来说仿佛就是身体上的折磨。之所以会出现这样的问题，都在于我们看待锻炼的方式。假如我们把锻炼作为手段，认为锻炼就是为了管理体重、控制压力或预防疾病的，那么锻炼感觉上就是痛苦的。

我们了解到，一旦你能够忘记评判、恐惧以及那些附属的功效，健身就可以成为值得你期待的事情，而不是你所害怕去履行的义务。你不再会预先设想运动带来的身体上的痛苦，也不会常想着退出，更不会评价你的锻炼结果。当你沉浸在运动中时，注意观察你的身体，每次进步一小步。

不管你练习什么项目，认真地去做，让你的注意力达到最大程度的集中。

试试下面几种方法。

关注你的身体

当你开始练习的时候，要注意你身体的位置。用这个姿势锻炼是否正确？所有的一切是否都围绕着你的核心？

核心是力量的源泉，为我们提供支持，为了有效率地锻炼核心，你的身体必须保持平直、后背挺直、肩膀后收、抬头挺胸，除非你做的训练要求你做一些其他的动作。

让你的核心去做大部分的工作，你的四肢应该是灵活而放松的。即使你用胳膊或腿举起重物，也要让你的核心为你的四肢提供力量。当你锻炼的时候，专注于你的核心，想象这里有一根钢管，帮助你的身体保持平直。

关注你身体的感觉。你是否感到疼痛、不舒服？不要对感受做出反应，单纯地去识别它们。“我的膝盖很痛。我感到呼吸困难。这里很热。”尽量不要抗拒疼痛与不适，深呼吸，想象你的肌肉正在放松。

想象把能量运送到你正在锻炼的部位。如果同时有好几个部位都在运动，就会把能量运送到全身。

找到你的锚点

当你达到最佳状态时，找一个锚点来帮助你集中注意力。你可以把注意力集中在呼吸上，也可以集中精力倾听外界的声音，或者在内心重复打拍子。举个例子，当你在跑步的时候，你可以把注意力集中在脚踏在踏板上的声音。你也可以在脑海里重复与你呼吸节奏相合的拍子。

如果你在进行力量训练，关注你正在锻炼的肌群，以及这一区域力量的分布。控制你的呼吸，当你举起重物的时候呼气，放下的时候吸气。注意你的呼吸，即使是在举重的间隙也不要憋气。

当你感觉要分神，就把注意力重新转移到呼吸或节拍上来，或者花一点时间感受你身体的感觉，并在必要的情况下调整或放松。然后再回到呼吸和节拍上。

注意运动的环境

不论你在哪里运动，不论是室内还是室外，注意那里的温度、光线、声音、气味还有其他会影响你练习的感觉。

把你的注意力从你自己身上转移到环境当中去，去感受你身边的每一个细节。

如果你在户外，就把你的注意力完全集中于自然，享受自然和锻炼带给你的心理层面的双重益处。

每时每刻，你都很有可能会被卷入思绪和分心的漩涡之中。你可能在无意识状况下凝视灿烂的星空，机械地把盘子放进洗碗机里，甚至没有意识到自己正在这样做，只因为你的脑海里充满了杂念。

肖尔托·雷德福（Sholto Radford），荒野心灵静修（Wilderness Minds retreats）的创始人，曾说过："正念练习要求我们放下目标和期盼，当奋斗的精神暂时安静，去看看还有什么留在你的心里。"

你的任务就是觉醒，即使每天只有短暂的片刻，去真正地体验你的人生吧，意识清楚地活在当下，而不是和担忧与胡思乱想纠缠不清。随着不断的练习和时间的推移，你会发现回到当下变得越来越不需要你付出意志层面的努力，会更加自主地发生。

当你越频繁地回到当下，你便越能够真正地享受生活。

第五部分

本书总结

请下定决心驯服你的思维

“你的思想是你所经历的一切的基础，也是你对他人生活的贡献。考虑到这个事实，训练它是很有意义的。”

——萨姆·哈里斯（Sam Harris）

训练你的思维，就像整理你的家。这是你必须养成的每天都要反复去做的习惯。然而训练思维并不像做家务那样简单明了。

管理你的思想，是需要决心与练习的。它甚至需要我们每天、每时、每刻都去注意自己的精神状况，避免自己因为“野猴子思维”而胡思乱想。

如果放任它自由发展，你的思想就会不断分叉，带着旧的回忆，追随着令人分心的事物，趟过愤怒与愤恨的长河。它可能会因白日幻想而憔悴，这听起来仿佛比前几种情况更积极一些，但仍然是一种难以驾驭的状态。一旦你忽视了对精神杂念的注意，你的思想与情绪就会随着惯性千变万化。最终的结果，你的人生体验将变得无法预测，彻底取决于思想的随机性。

你一天中所体验到的侵入性思想，证明了精神的许多功能似乎超越了意识的控制这一令人恼火的现实。更糟糕的是，我们的精神感觉是如此真实而强大，深远地影响着我们对世界的看法。

让我们暂时抛开这些自发的、没有任何意义的想法。假如它们其实并没有比墙上的涂鸦更真实、更有意义呢？它们可能与记忆或情感有某种联系，但就目前而言，它们并不能反映现实。在很大程度上，这就是思想的真相。

尽管你的潜意识永远不会允许你全权控制你的思想，但你的确有能力掌控其中的一些。你可以改变你的反应和习惯，以便更好地管理思想和它所带来的情绪。

在本书中，我们提供了一系列的想法和工具，来帮助你整理你的思想，让你摆脱脑内消极的声音，减少精神压力，从而获得更加平静的精神状态。

通过深呼吸和正念冥想，你学会了放松，知道了如何从侵扰性的思想和情绪中脱离出来。

通过中断、重塑和挑战你的思想，你学会了控制自己的思想，减少了它对你产生的影响。

通过确认自己的核心价值观，你为自己的选择和行动创造了界限感，不再给忧虑与没完没了的反思找理由。

通过确认了你生活事物的优先级，你学会了不让你在痛苦和后悔的事情上浪费时间。

通过根据价值观与优先级设定目标，你获得了给你力量的专注与自尊。

通过找寻你激情的所在，你的目标变得更真实、明确、快乐，不给消极的思想留余地。

通过更认真地对待人际关系，你预防了许多人与人之间的冲突，使压力最小化，满足最大化。

通过整理你的真实房间和虚拟空间，你排除了那些会让你分心的不符合你价值观、优先级、目标的刺激。

通过减少任务和义务，你减少了压力，让自己能有更多的精力活在当下。

通过专注与手头的任务，并参与到“心流”活动中去，你让自己的脑内对话成为行为的一部分，变得更加幸福与满足。

通过着手解决拖延症，并学会快速迈出第一步，你就不会被拖延所带来的焦虑所困扰。

通过将正念运用到日常生活的所有活动中，从洗碗到运动，你清空了你的头脑，留下了生活中唯一的真实，那就是此时此刻。美国心理学家亚伯拉罕·马斯洛（Abraham Maslow）说："活在当下的能力是心理健康的主要组成部分。"

所以你决定从何处开始做整理思想的练习呢？

我们建议你先确认自己的核心价值观、生活优先级和目标。一旦建立了这些个人边界，你会发现找到内心最混乱的最想改变的部分就变得容易多了。

举个例子，如果你的核心价值观是人际关系导向的，但你发现自己经常和他人发生冲突，常会因关系的碰撞而胡思乱想，那你应该从我们讲过的人际关系的练习着手解决你的精神整理。

又或者你发现自己总是不断地贬低自己的能力和外表，而这些消极的想法使你不能享受生活。那么开始自我接纳、停止比较、学会宽恕将会是你需要去着手的方向。

我们所提到的一些方法，比如深呼吸、冥想、简化和正念，可以在一段时期内每天都进行练习。练习的结果将会帮助你完成更复杂的尝试，比如改善人际关系，走出过去的阴影，找到你真正热爱的东西。

同时我们建议你养成记日记的习惯，来记录你为精神整理所做过的练习，以及练习带给你的成长。通过查看你努力的轨迹和因此发生的改变，你会感到更加有动力，去为精神整理而努力。

整理你的思维是一项终生事业，但它支付的回报却会深刻地影响你的生活品质。你越少地与脑内杂念“共处”，就越能享受当下的快乐，余生你将不会再错过任何美好的“此刻”。

现在你已经知道了“哪些东西”可以让你不再因头脑内的混乱而焦虑，那么让我们敦促你开始着手行动。今天就开始，面对你生活中最大的挑战，并保证下周开始处理它。简而言之，找到能帮助你克服困难的联系，然后让它成为你每天必做的习惯。

祝你好运！

巴里·达文波特

斯蒂夫·斯科特

附录：定义价值观的400个词语

你的核心价值观是你生活中的指导原则，它帮助你决定你的行为、言语和行动。根据价值观来定期评估你的个人成长是非常重要的。评估完成后，你需要调整你的言行举止，使其与你最主要的价值观相一致。

与你的价值观和谐相处，会让你感到幸福、平静与成功。因为你真实地活着，没有困惑，没有内疚，没有羞愧。即使只是一个小改变，只要它能让你的所作所为与价值观相统一，都会给你的感受与态度带来积极的改变。

查看下面这400个有关价值观的词语，分别选出对你私人生活和工作生活来说最为重要的5~10个词语。

把它们记录下来，然后评估你的现状和它们的差距。你需要改变些什么来支持你的价值观？你今天就可以做出什么改变？

能力（Ability） 富有热情（Abundance）

接纳（Acceptance） 才能（Accomplishment）

成就（Achievement） 赞赏（Acknowledgement）

强适应性（Adaptability） 胜任（Adequacy）

熟练（Adroitness）
冒险（Adventure）
喜爱（Affection）
富裕（Affluence）
警觉（Alertness）
活泼（Aliveness）
夙愿（Ambition）
娱乐（Amusement）
期望（Anticipation）
欣赏（Appreciation）
平易近人（Approachability）
狡猾（Artfulness）
表达能力（Articulacy）
敢作敢为（Assertiveness）
自我确定（Assurance）
专注（Attentiveness）
吸引力（Attractiveness）
胆识（Audacity）
可得到的（Availability）
觉察（Awareness）
敬畏（Awe）
平衡（Balance）
美貌（Beauty）
存在感（Being-ness）
归属感（Belongingness）
善举（Benevolence）
极度的幸福（Blissfulness）
魄力（Boldness）
勇敢（Bravery）
才华（Brilliance）
干练（Briskness）
乐观（Buoyancy）
平静（Calmness）
友情（Camaraderie）
直率（Candor）
能力（Capability）
关怀（Care）
慎重（Carefulness）
确信（Certainty）
挑战（Challenge）

慈善（Charity）
迷人（Charm）
纯洁（Chastity）
高兴（Cheerfulness）
清楚（Clarity）
优等（Classy）
干净（Cleanliness）
聪明（Cleverness）
亲密（Closeness）
觉察（Cognizance）
舒适（Comfort）
承诺（Commitment）
同情（Compassion）
才干（Competence）
圆满（Completion）
沉着（Composure）
专注（Concentration）
信心（Confidence）
循规蹈矩（Conformity）
一致性（Congruency）
联系（Connection）
意识清醒（Consciousness）
连贯（Consistency）
满足（Contentment）
连续性（Continuity）
贡献（Contribution）
控制（Control）
信念（Conviction）
轻松友好（Conviviality）
冷静（Coolness）
合作（Cooperation）
丰富的（Copiousness）
热诚（Cordiality）
正确性（Correctness）
勇气（Courage）
礼貌（Courtesy）
狡诈（Craftiness）
创造性（Creativity）
可靠（Credibility）
奸诈（Cunning）

好奇心（Curiosity）
大胆（Daring）
果决（Decisiveness）
端庄得体（Decorum）
深度（Deepness）
尊重（Deference）
体贴（Delicacy）
令人愉快（Delight）
可靠（Dependability）
深度（Depth）
欲望（Desire）
决心（Determination）
奉献（Devotion）
虔诚（Devoutness）
聪明（Dexterity）
自尊（Dignity）
勤奋（Diligence）
交际手段（Diplomacy）
方向（Direction）
率直（Directness）
精明（Discernment）
判断力（Discretion）
纪律（Discipline）
发现（Discovery）
多样（Diversity）
梦想（Dreaming）
驱动（Drive）
责任（Duty）
活力（Dynamism）
渴望（Eagerness）
经济（Economy）
入迷（Ecstasy）
教育（Education）
有效（Efflectiveness）
效率（Efficiency）
快乐兴奋（Elation）
优雅（Elegance）
同理心（Empathy）
鼓励（Encouragement）
忍耐力（Endurance）

力量（Energy） 享受（Enjoyment）

智慧（Enlightenment） 消遣（Entertainment）

热情（Enthusiasm） 进化（Evolution）

正确（Exactness） 优秀（Excellence）

兴奋（Excitement） 愉快的心情（Exhilaration）

期待（Expectancy） 利己（Expediency）

经验（Experience） 专业知识（Expertise）

研究（Exploration） 表现（Expressiveness）

奢侈（Extravagance） 外倾（Extroversion）

热情洋溢（Exuberance） 促进（Facilitating）

公平（Fairness） 信仰（Faith）

名誉（Fame） 着迷的事物（Fascination）

时尚（Fashion） 无畏（Fearlessness）

忠诚（Fidelity） 精细（Fineness）

手段（Finesse） 坚定（Firmness）

健康（Fitness） 灵活性（Flexibility）

心流（Flow） 熟练自如（Fluency）

流畅（Fluidity） 专注（Focus）

坚毅（Fortitude） 坦诚（Frankness）

自由（Freedom） 友善（Friendliness）

朴素（Frugality）
乐趣（Fun）
殷勤（Gallantry）
慷慨（Generosity）
彬彬有礼（Gentility）
名副其实（Genuineness）
给予（Giving）
风度（Grace）
感恩（Gratefulness）
感激（Gratitude）
集群性（Gregariousness）
成长（Growth）
引导（Guidance）
幸福（Happiness）
和谐（Harmony）
健康（Health）
爱心（Heart）
乐于助人（Helpfulness）
英雄主义（Heroism）
神圣（Holiness）
诚实（Honesty）
荣耀（Honor）
抱有希望（Hopefulness）
好客（Hospitality）
谦逊（Humility）
幽默（Humor）
卫生（Hygiene）
想象力（Imagination）
影响（Impact）
公正（Impartiality）
无缺点（Impeccability）
独立（Independence）
勤奋（Industry）
独创性（Ingenuity）
求知欲（Inquisitiveness）
洞察力（Insightfulness）
灵感（Inspiration）
本能（Instinctiveness）
正直（Integrity）
智慧（Intelligence）

强度（Intensity） 亲密（Intimacy）

无畏的（Intrepidness） 内省（Introversion）

直觉力（Intuition） 直觉（Intuitiveness）

善于发明（Inventiveness） 喜悦（Joy）

明智（Judiciousness） 正义（Justice）

敏锐（Keenness） 仁慈（Kindness）

知识（Knowledge） 奢侈（Lavishness）

领导力（Leadership） 学问（Learning）

解放（Liberation） 自由（Liberty）

精力充沛（Liveliness） 逻辑（Logic）

长寿（Longevity） 爱（Love）

忠诚（Loyalty） 威严（Majesty）

精通（Mastery） 成熟（Maturity）

温顺（Meekness） 醇美（Mellowness）

谨小慎微（Meticulousness） 注意（Mindfulness）

自我节制（Moderation） 谦虚（Modesty）

动力（Motivation） 神秘（Mysteriousness）

整洁（Neatness） 胆量（Nerve）

服从（Obedience） 开明（Open-mindedness）

率真（Openness） 乐观主义（Optimism）

富有（Opulence） 秩序（Order）

组织（Organization） 原创性（Originality）

怪癖（Outlandishness） 凶暴（Outrageousness）

激情（Passion） 平静（Peacefulness）

洞察力（Perceptiveness） 完美（Perfection）

毅力（Perseverance） 坚持不懈（Persistence）

说服力（Persuasiveness） 乐善好施（Philanthropy）

虔诚（Piety） 童心（Playfulness）

愉快（Pleasantness） 乐事（Pleasure）

丰富（Plentifulness） 姿态（Poise）

文雅（Polish） 受欢迎（Popularity）

权势（Potency） 实事求是（Practicality）

实用主义（Pragmatism） 严守标准（Precision）

杰出（Preeminence） 做好准备的（Preparedness）

风度（Presence） 隐私（Privacy）

积极主动（Proactivity） 熟练（Proficiency）

职业化（Professionalism） 繁荣（Prosperity）

谨慎（Prudence） 准时（Punctuality）

纯洁（Purity） 资历（Qualification）

安静（Quietness） 敏捷（Quickness）

现实主义（Realism） 准备就绪（Readiness）

理性（Reason） 认可（Recognition）

娱乐（Recreation） 有教养（Refinement）

思考（Reflection） 放松（Relaxation）

可靠（Reliability） 快速恢复（Resilience）

决心（Resolution） 决定（Resolve）

足智多谋（Resourcefulness） 尊重（Respect）

安憩（Restfulness） 约束力（Restraint）

尊敬（Reverence） 有钱（Richness）

严格（Rigor） 神圣不可侵犯（Sacredness）

牺牲（Sacrifice） 睿智（Sagacity）

圣洁（Saintliness） 乐天（Sanguinity）

满足（Satisfaction） 安全感（Security）

自我控制（Self-control） 无私（Selflessness）

自我实现（Self-realization） 自力更生（Self-reliance）

敏感（Sensitivity） 感官享受（Sensuality）

安详（Serenity） 服务（Service）

性欲（Sexuality） 分享（Sharing）

机灵（Shrewdness） 意义（Significance）

沉默（Silence） 愚蠢（Silliness）

质朴（Simplicity）	真挚（Sincerity）
灵巧（Skillfulness）	机灵（Smartness）
老练（Sophistication）	团结（Solidarity）
坚固（Solidity）	独处（Solitude）
稳固（Soundness）	速度（Speed）
心灵（Spirit）	精神性（Spirituality）
自发（Spontaneity）	稳定性（Stability）
沉静（Stillness）	力量（Strength）
结构（Structure）	实质性（Substantiality）
成功（Success）	充足（Sufficiency）
支持（Support）	至高无上（Supremacy）
惊喜（Surprise）	杰出的（Superbness）
同情心（Sympathy）	协同（Synergy）
圆滑（Tactfulness）	团队协作（Teamwork）
节制（Temperance）	感激（Thankfulness）
彻底（Thoroughness）	体贴（Thoughtfulness）
节俭（Thrift）	整洁的（Tidiness）
及时（Timeliness）	传统主义（Traditionalism）
镇定（Tranquility）	卓越（Transcendence）
信任（Trust）	值得信赖的（Trustworthiness）

真实（Truth）
认识（Understanding）
独特（Uniqueness）
协调（Unity）
有用（Usefulness）
实用（Utility）
英勇（Valor）
多样化（Variety）
胜利（Victory）
活力（Vigor）
美德（Virtue）
视野（Vision）
生命力（Vitality）
精力充沛（Vivacity）
温暖（Warmth）
警觉性（Watchfulness）
财富（Wealth）
身心健康（Wholesomeness）
任性（Willfulness）
心甘情愿（Willingness）
获胜（Winning）
智慧（Wisdom）
有才智（Wittiness）
奇迹（Wonder）
有价值的（Worthiness）
热情（Zeal）
强烈的兴趣（Zest）
充满活力（Zing）